国家中等职业教育改革发展示范学校建设项目成果系列教材

LED 照明驱动电路设计

谢浪清　主　编

吴传兴　副主编

科学出版社

北　京

内 容 简 介

本书全面、系统地阐述了 LED 照明基础知识及 LED 照明驱动电路设计，按室内照明应用给出了 LED 球泡灯、LED 日光灯、LED 筒灯、LED 日光灯支架、LED 平板灯等许多典型 LED 驱动电源设计与应用实例。本书共含 7 个项目，14 个任务。书中全部项目紧密结合典型 LED 驱动电源技术，LED 灯具装配与真实的工作过程相一致，完全符合企业需求，贴近生产实际。本书遵循职业教育教学规律，分任务先易后难，突出重点和难点的原则，从 LED 照明驱动的基本原理，常见 LED 室内照明灯具应用、技术要求，到典型照明驱动电路设计和测试，再到驱动电源组装和测试任务实施，可帮助读者全面、系统地掌握室内 LED 照明驱动电路的设计方法及典型应用设计，掌握 LED 驱动电源组装和测试方法。

本书融"教、学、做"于一体，内容由浅入深，循序渐进，通俗易懂，图文并茂，可作为中高等职业院校的电子技术应用等专业的教材，也可供工程技术人员或自学者参考。

图书在版编目（CIP）数据

LED 照明驱动电路设计/谢浪清主编. —北京：科学出版社，2015
（国家中等职业教育改革发展示范学校建设项目成果系列教材）
ISBN 978-7-03-043995-6

Ⅰ. ①L… Ⅱ. ①谢… Ⅲ. ①发光二极管-电源电路-电路设计-中等专业学校-教材 Ⅳ. ①TN383.02

中国版本图书馆 CIP 数据核字（2015）第 062607 号

责任编辑：吕建忠 王君博 陈砺川 / 责任校对：陶丽荣
责任印制：吕春珉 / 封面设计：一克米工作室

科 学 出 版 社 出版
北京东黄城根北街 16 号
邮政编码：100717
http://www.sciencep.com

北京九州迅驰传媒文化有限公司 印刷
科学出版社发行　各地新华书店经销
＊

2015 年 3 月第 一 版　开本：787×1092　1/16
2022 年 1 月第三次印刷　印张：13 1/4
字数：300 000
定价：40.00 元

（如有印装质量问题，我社负责调换〈九州迅驰〉）
销售部电话 010-62134988　编辑部电话 010-62135120-2005

国家中等职业教育改革发展示范学校
建设项目成果系列教材

编　委　会

前　言

LED 问世于 20 世纪 60 年代初，1964 年首先出现红色发光二极管，之后出现黄色 LED。直到 1994 年，蓝色、绿色 LED 才研制成功。1996 年由日本 Nichia 公司（日亚)成功研发出白色 LED。LED 具有省电、寿命长、耐振动、响应速度快、冷光源等固有特点，广泛应用于指示灯、信号灯、显示屏、景观照明等领域。但由于受到亮度差、价格昂贵等条件的限制，无法作为通用光源推广应用。近年来，随着人们对半导体发光材料研究的不断深入，LED 制造工艺的不断进步和新材料（氮化物晶体和荧光粉)的开发和应用，各种颜色的超高亮度 LED 取得了突破性进展，其发光效率提高了近 1000 倍，色度方面已实现了可见光波段的所有颜色，其中最重要的是超高亮度白光 LED 的出现，使 LED 应用领域跨越至高效率照明光源市场成为可能。曾经有人指出，高亮度 LED 将是人类继爱迪生发明白炽灯泡后最伟大的发明之一。

本书层次分明、概念清晰、深入浅出、通俗易懂。全书坚持实用技术和企业生产实践相结合的原则，侧重理论联系实际，结合职业院校学生的特点，注重基本能力和基本技能的培养。书中所有任务的编排均来自于企业驱动电源实践，有很强的针对性和实用性，使学生"学得快、用得上、记得牢"。

本书编写模式体现"做中学，做中教"的职业教育教学特色，按照"教育与产业、学校与企业、专业设置与职业岗位、教材内容与职业标准、教学过程与企业生产过程"对接的教学改革要求，积极探索与项目教学或以工作过程为导向的实践教学方式改革相适应的教材编写模式。编者从工作现场需求与实践应用中引入教学项目，旨在培养学生完成工作任务及解决实际问题的技能，同时融入理论教学内容，激发学生的学习兴趣。

本书在内容编排上基本采用了"任务描述—相关知识—任务实施—拓展与练习—考核评价"的结构体系。其中，任务对应职业能力，相关知识对应学生知识结构的建构，是为完成任务服务的，这样的安排有利于学生职业能力的形成。

本书共含 7 个项目，14 个任务，分为认识 LED 照明，LED 照明驱动电路设计，LED 室内照明常见的球泡灯、日光灯、筒灯、日光灯管支架照明、平板灯照明的驱动设计与应用。书中全部项目紧密结合典型 LED 驱动电源技术，LED 灯具装配与真实的工作过程相一致，完全符合企业需求，贴近生产实际。教材内容的结构体系如下表所示。

本书内容结构安排

项目名称	任务	相关知识	学时安排
项目一　认识 LED 照明	任务 1　LED 正反向电压测试	了解 LED 发光原理，熟悉 LED 主要技术指标和测试方法	4
	任务 2　LED 光色电综合测试	了解 LED 光色特性、综合测试仪使用	6

续表

项目名称	任务	相关知识	学时安排
项目二 认识 LED 照明驱动电路设计	任务1 DC-DC变换器电路仿真训练	LED 照明驱动设计基础知识	8
	任务2 3W LED 射灯驱动电源设计与测试	LED 照明驱动电路设计指南，注意事项	12
项目三 LED 球泡灯照明驱动设计与应用	任务1 15W LED 球泡灯驱动电源设计与测试	了解 LED 球泡灯行业标准、LED 球泡灯驱动电路设计	10
	任务2 LED 球泡灯的装配	了解 LED 球泡灯应用、结构和装配	8
项目四 LED 日光灯照明驱动设计与应用	任务1 17W LED 日光灯驱动电源设计与测试	了解 LED 日光灯行业标准、LED 日光灯驱动电路设计	10
	任务2 LED 日光灯的装配	了解 LED 日光灯应用、结构和装配	8
项目五 LED 筒灯照明驱动设计与应用	任务1 7W LED 筒灯驱动电源设计与测试	了解 LED 筒灯行业标准、LED 筒灯驱动电路设计	10
	任务2 LED 筒灯的装配	了解 LED 筒灯应用、结构和装配	8
项目六 LED 日光灯管支架照明驱动设计与应用	任务1 14W LED 支架驱动电源设计与测试	了解 LED 日光灯管支架灯行业标准、LED 支架驱动电路设计	10
	任务2 一体化 LED 支架灯的装配	了解一体化 LED 日光灯管支架应用、结构和装配	8
项目七 LED 平板灯照明驱动设计与应用	任务1 40W LED 平板灯驱动电源设计与测试	了解 LED 平板灯行业标准、LED 平板灯驱动电路设计	10
	任务2 LED 平板灯的装配	了解 LED 平板灯应用、结构和装配	8

本书由谢浪清任主编，吴传兴任副主编。在编写过程中，惠州市技师学院（惠州市高级技工学校）的领导和老师给予了大力支持。同时，本书的编写也得到了深圳茂硕电源科技股份有限公司刘耀平高级工程师的大力支持，对典型的驱动电路设计案例等进行技术指导和帮助，天宝电子（惠州）有限公司朱昌亚高级工程师对本书进行审核并提出宝贵的修改意见；此外，还得到了 TCL 照明电器有限公司的支持和帮助，在此一并表示衷心感谢。

本书项目一、二、五由谢浪清编写，项目三、四、六、七由吴传兴编写；谢浪清对全书进行统稿和修订。

因编者水平有限，加之编写时间仓促，书中不足之处在所难免，望读者不吝指教。

编 者

2015 年 1 月

目　　录

项目一　认识 LED 照明 ·· 1

知识 1　LED 发光原理 ·· 1

知识 2　LED 主要参数和特性 ·· 2

知识 3　LED 照明灯具和结构 ·· 7

知识 4　LED 应用 ··· 8

知识 5　LED 照明灯具分类 ·· 11

任务 1　LED 正反向电压测试 ·· 13

任务 2　LED 光色电综合测试 ·· 16

拓展与练习 ·· 26

考核与评价 ·· 31

项目二　认识 LED 照明驱动电路设计 ·· 33

知识 1　LED 照明驱动电路设计基础知识 ··· 33

知识 2　LED 照明驱动电路设计指南 ··· 51

知识 3　LED 驱动电路设计注意事项 ··· 58

知识 4　LED 驱动芯片典型产品介绍 ··· 59

任务 1　DC-DC 变换器电路仿真训练 ·· 60

任务 2　3W LED 射灯驱动电源设计与测试 ··· 63

拓展与练习 ·· 70

考核与评价 ·· 75

项目三　LED 球泡灯照明驱动设计与应用 ·· 77

知识 1　LED 球泡灯照明应用场所和标准 ··· 77

知识 2　LED 球泡灯的规格、结构与主要技术参数 ···································· 79

知识 3　LED 球泡灯驱动电路设计 ·· 84

知识 4　市场常见品牌 LED 球泡灯驱动电源规格与特点介绍 ······················ 87

任务 1　15W LED 球泡灯驱动电源设计与测试 ··· 88

任务 2　LED 球泡灯的装配 ··· 95

拓展与练习 ·· 98

考核与评价 ··· 101

项目四　LED 日光灯照明驱动设计与应用·······························102

　　知识 1　LED 日光灯照明应用、节能分析与标准·····················102

　　知识 2　LED 日光灯的规格、结构、技术参数与安装················104

　　知识 3　LED 日光灯驱动电路设计·································109

　　知识 4　市场常见品牌 LED 日光灯驱动电源规格与特点介绍··········112

　　任务 1　17W LED 日光灯驱动电源设计与测试·····················113

　　任务 2　LED 日光灯的装配·······································119

　　拓展与练习··125

　　考核与评价··126

项目五　LED 筒灯照明驱动设计与应用·····························128

　　知识 1　LED 筒灯照明应用和标准·································128

　　知识 2　LED 筒灯的规格与技术参数·······························130

　　知识 3　LED 筒灯驱动电路设计···································136

　　知识 4　市场常见品牌 LED 筒灯驱动电源规格与特点介绍··········139

　　任务 1　7W LED 筒灯驱动电源设计与测试·······················141

　　任务 2　LED 筒灯的装配···147

　　拓展与练习··148

　　考核与评价··150

项目六　LED 日光灯管支架照明驱动设计与应用·····················151

　　知识 1　LED 日光灯管支架照明应用和标准·························151

　　知识 2　LED 日光灯管支架的规格、品牌、结构、技术参数与安装····153

　　知识 3　LED 支架驱动电路设计···································158

　　知识 4　市场常见品牌 LED 支架驱动电源规格与特点介绍··········160

　　任务 1　14W LED 支架驱动电源设计与测试·······················161

　　任务 2　一体化 LED 支架灯的装配·······························165

　　拓展与练习··170

　　考核与评价··172

项目七　LED 平板灯照明驱动设计与应用···························173

　　知识 1　LED 平板灯照明应用和标准·······························173

　　知识 2　LED 平板灯的规格与技术参数·····························177

　　知识 3　LED 平板灯驱动电路设计·································183

　　知识 4　市场常见 LED 平板灯驱动电源规格与特点介绍············188

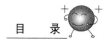
任务 1　40W LED 平板灯驱动电源设计测试 ·· 189
任务 2　LED 平板灯的装配 ·· 194
拓展与练习 ··· 198
考核与评价 ··· 200

主要参考文献 ·· 202

项目一　认识 LED 照明

1. 熟悉 LED 特性；
2. 掌握 LED 技术参数和测量方法；
3. 了解 LED 照明灯具和结构；
4. 了解 LED 室内照明产品分类；
5. 熟悉 LED 测试方法。

LED 作为一种新型的绿色光源产品，被称为第四代照明光源或绿色光源，相比传统的照明产品，它具有节能、环保、寿命长、体积小等特点，已被世界各国广泛推广应用，代替传统照明产品。本项目通过 LED 测试的实施，来学习 LED 原理，了解 LED 主要技术参数和特性，以及 LED 照明应用、LED 灯具机构和产品分类。

相关知识

知识 1　LED 发光原理

半导体晶片由两部分组成，一部分是 P 型半导体，在它里面空穴占主导地位，另一端是 N 型半导体，在这边主要是电子。但这两种半导体连接起来时，它们之间就形成一个 "PN 结"。当二极管 PN 结正向偏置并承受正向电压时，电子就会被推向 P 区，在 P 区里电子与空穴复合，就会以光子的形式发出能量，这就是 LED 发光的原理，如图 1-1 所示。而光的波长也就是光的颜色，是由形成 PN 结的材料决定的。

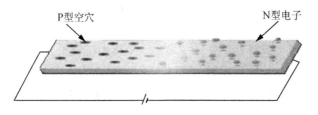

P型空穴　　　　　　　　　　　　　N型电子

图 1-1　LED 发光原理

LED 具备 PN 结结型器件的电学特性、光学特性、热学特性等。

知识 2　LED 主要参数和特性

1. 电学特性

（1）伏安特性

图 1-2 为当温度保持在某个正常工作温度时 LED 的伏安特性。可见，LED 的伏安特性与普通二极管类似，有正向死区和反向死区；当正向偏置电压超过门限电压 V_{ON} 时，LED 导通工作并发光；当反向偏置超过击穿电压时，LED 反向击穿。从第一象限可以看到，在正向导通后当正向电流 I_F 增大时，正向电压 V_F 缓慢增大。V_F 过小，无法提供足够正向电流 I_F，甚至 LED 不会发光；V_F 过大，导致 I_F 急剧增大；PN 结温升高而烧毁 LED。所以，应该将 V_F 控制在合适的范围内，一般为 2.5～3.5V。蓝光和白光 LED 典型 V_F 为 3.3V。

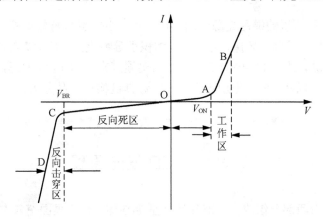

图 1-2　LED 伏安特性

1）正向死区：图 1-2 中 OA 段，A 点对于 V_{ON} 为开启电压 V。

2）正向工作区：图 1-2 中 AB 段，电流 I_F 与外加电压呈指数关系，公式为

$$I_F = I_s(e^{\frac{qV_F}{KT}} - 1)$$

式中：I_s 为反向饱和电流。

3）反向死区：图 1-2 中 OC 段，$V < 0$ 时 PN 结加反偏压。

4）向击穿区：图 1-2 中 CD 段，$V < -V_{BR}$，V_{BR} 称为反向击穿电压。当反向偏压一直增加使 $V < -V_{BR}$ 时，则出现反向漏电流 I_R 突然增加而出现击穿现象。由于 LED 所用化合物材料种类不同，各种 LED 的反向击穿电压 V_{BR} 也不同。

LED 的伏安特性并不是固定的，是随着温度而变化的，与普通二极管一样，势垒电势形成门限电压 V_{ON}。温度升高时势垒电势降低，在恒压供电时，LED 电流随温度变化而变化，图 1-3LED 伏安特性的温度系数可以看出温度升高，LED 电压降低。所以说 LED 的伏安特性具有负温度系数的特点。

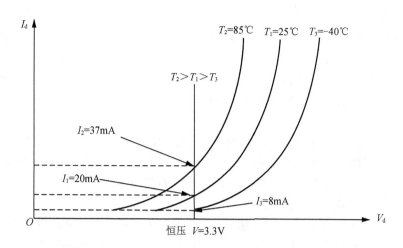

图 1-3　LED 伏安特性的温度系数

（2）正向电压 V_F

通过 LED 的正向电流为规定值时，在两极间产生的电压降。发光二极管正向工作电压 V_F 一般在 1.4～3V。在外界温度升高时，V_F 将下降。

（3）正向电流 I_F

加载在 LED 两端的正向电压为规定值时，流过 LED 的电流。

（4）最大允许功耗 P

允许加于 LED 两端正向直流电压与流过它的电流之积的最大值。超过此值，LED 发热、损坏。

（5）反向击穿电压 V_{BR}

LED 所允许加的最大反向电压。超过此值，发光二极管可能被击穿损坏。

2. C-V 特性

LED 的芯片 PN 结面积大小不一，使其结电容也不一，使其结电容（零偏压）$C \approx n +$ pf。C-V 特性呈现二次函数关系。

3. 光学特性

（1）峰值波长

LED 所发之光并非单一波长，其波长具有正态分布的特点，在最大光谱能量（功率）处的波长称为峰值波长。即使有两个 LED 的峰值波长是一样的，但它们在人眼中引起的色感觉也可能是不同的。

（2）谱线宽度

在 LED 谱线的峰值两侧 $\pm\Delta\lambda$ 处，存在两个光强等于峰值（最大光强度）一半的点，此两点分别对应 $\lambda_p - \Delta\lambda$，$\lambda_p + \Delta\lambda$ 之间宽度叫谱线宽度，也称半功率宽度或半高宽度。

（3）主波长

有的 LED 发光不单是单一色，即不仅有一个峰值波长，甚至有多个峰值，并非单色光。为描述 LED 色度特性而引入主波长。主波长就是人眼所能观察到的，由 LED 发出主要单色光的波长。单色性越好，则 λ_p 也就是主波长。如 GaP 材料可发出多个峰值波长，而主波长只有一个，它会随着 LED 长期工作，结温升高而主波长偏向长波。

（4）光通量

点光源或非点光源在单位时间内所发出的能量，其中可产生视觉者能感觉出来的辐射通量即称为光通量。光通量的单位为流明（简写 lm），1 流明（lumen 或 lm）定义为一国际标准烛光的光源在单位立体弧角内所通过的光通量。用符号 ϕ 表示。光通量是表征 LED 总光输出的辐射能量，它标志器件的性能优劣。

LED 的正向电流越大，光通量越高，但电流与光通量之间是非线性关系。图 1-4 是 CREE 公司 XR-E LED 光通量与正向电流的关系。假设 $I_F=350\mathrm{mA}$ 亮度为 1，当 $I_F=700\mathrm{mA}$ 时，I_F 产生的相对光强度并不等于 2，主要原因是当增加电流时，LED 本身发热造成组件温度上升。换句话说大部分的电能转换成热能，实际上使 LED 点亮的电流与施加的电流并不是 2 倍关系。当正向电流增大到一定程度，光通量的增量就会越来越小，电流越大其斜率越小。因此，在实际选用时必须考虑在哪一点是最佳光效点，否则徒然地增加驱动电流，不但不能得到理想的光通量，反而使 LED 的功耗明显上升，若增加的热量不能有效导出，则缩短了 LED 的使用寿命，得不偿失。

通常，光通量以明视觉条件作为测量条件，在测量时为了得到准确的测量结果，必须把 LED 发射的光辐射能量收集起来，并用合适的探测器（应具有 CIE 标准光度观测者光谱光效率函数的光谱响应）将它线性地转换成光电流，再通过定标确定被测量的大小。这里可以用积分球来收集光能量，如图 1-5 积分球又叫光度球，是一个球形空腔，由内壁涂有均匀的白色漫反射层（硫酸钡或氧化镁）的球壳组装而成，被测 LED 置于空腔内。LED 器件发射的光辐射经积分球壁的多次反射，使整个球壁上的照度均匀分布，可用一置于球壁上的探测器来测量这个与光通量成比例的光的照度。基于积分球的原理，图 1-5 挡屏的设计是为了避免 LED 光直射到探测器。球和探测器组成的整体要进行校准，同时还要关注探测器与光谱光视效率 $V(\lambda)$ 的匹配程度，使之比较符合人眼的观测效果。

（5）发光强度

光源在某一给定方向的单位立体角内发射的光通量称为光源在该方向的发光强度，简称光强。发光强度是表征发光器件发光强弱的重要性能。LED 大量应用要求是圆柱、圆球封装，由于凸透镜的作用，都具有很强指向性，即位于法向方向光强最大，其与水平面交角为 90°。当偏离正法向不同 θ 角度，光强也随之变化。光强用符号 I 表示，单位是 candela（坎德拉）简写 cd。光源辐射是均匀时，则光强为 $I=F/\Omega$，Ω 为立体角，对于点光源由 $I=F/4$ 左右。

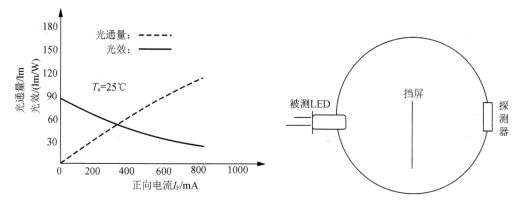

图 1-4　XR-E LED 光通量与正向电流关系　　图 1-5　积分球结构示意图

（6）光照度

光照度亦称照度，是单位面积上接收的光通量。用符号 E 表示，单位是勒[克斯](lx)。$1lx＝1lm/m^2$，勒[克斯]是 1 流明的光通量均匀分布在 1 平方米表面上产生的光照度。

自然光的照度在不同光线情况下为：晴天阳光直射地面照度约为 100000lx，晴天背阴处照度约为 10000lx，晴天室内北窗附近照度约为 2000lx，晴天室内中央照度约为 200lx，晴天室内角落照度约为 20lx，阴天室外 50～500lx，阴天室内 5～50lx，月光（满月）2500lx，日光灯 5000lx，电视机荧光屏 100lx，阅读书刊时所需的照度 50～60lx，在 40W 白炽灯下 1m 远处的照度约为 30lx，晴朗月夜照度约为 0.2lx，黑夜 0.001lx。

（7）光亮度

光亮度又称为亮度，亮度是表征发光体表面发光明亮程度，指发光表面在指定方向的发光强度与垂直且指定方向的发光面的面积之比，用符号 L 表示，单位是坎德拉/平方米（cd/m^2）。对于一个漫散射面，尽管各个方向的光强和光通量不同，但各个方向的亮度都是相等的。电视机的荧光屏就是近似于这样的漫散射面，所以从各个方向上观看图像，都有相同的亮度感。LED 亮度与外加电流密度有关，电流密度增加发光亮度也近似增大。LED 亮度还与环境温度有关，环境温度升高，复合效率下降，发光亮度减小。当环境温度不变，电流增大足以引起 PN 结结温升高，升温后，亮度呈饱和状态。

光通量和光强以及照度和亮度之间关系如表 1-1 所示。

表 1-1　光通量，光强，照度，亮度之间的关系

名称	符号	公式	单位
光通量	Φ	$\Phi=\int I\mathrm{d}\omega$	lm
发光强度	I	$I=\dfrac{\Phi}{\mathrm{d}\omega}$	cd
照度	E	$E=\dfrac{\mathrm{d}\Phi}{\mathrm{d}A}$	lx
亮度	L	$L=\dfrac{\mathrm{d}I}{\mathrm{d}A\times\cos\theta}$	cd/m^2

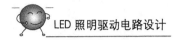

（8）色温

不同的光源，由于发光物质成分不同，其光谱功率分布有很大差异，一种确定的光谱功率分布显示为一种相应的光色。人们用黑体加热到不同温度所发出的不同光色来表达一个光源的颜色，称为光源的颜色温度，简称色温。用光源最接近黑体轨迹的颜色来确定该光源的色温，这样确定的色温叫做相关色温。

（9）发光效率

发光效率是光源发出的光通量除以所消耗的光源功率。它是衡量光源节能的重要指标，单位为每瓦流明（lm/W）。发光效率公式为

$$\eta_V = \frac{\Phi_V}{I_F V_F}$$

式中：I_F，V_F 分别是发光二极管的正向电流和正向电压，Φ_V 为光通量。

（10）光衰

LED 的一般工作环境不能超过 100℃，结温不能超过 125℃。所谓结温就是半导体 PN 结的温度，图 1-6 是美国 CREE 公司 LED 光衰曲线图，从图中可以看出，LED 的光衰是和它的结温有关，结温越高越早出现光衰，也就是寿命越短。从图上可以看出，假如结温为 105℃，亮度降至 70% 的寿命只有一万多小时，95℃ 就有 2 万小时，而结温降低到 75℃，寿命就有 5 万小时，65℃ 时更可以延长至 9 万小时。一般来说，当 LED 在额定工作电流时的光通量衰退到初始光通量的 70% 时，视为其寿命终结，所以延长寿命的关键就是要降低结温。当前单个 LED 芯片的额定电流基本分布在 200～1500mA，允许的最大电流脉冲最高只比自身的额定电流高出 30%，长时间工作在额定电流之上更是不允许的。

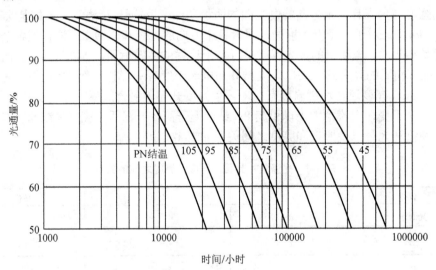

图 1-6　结温与光通量的关系

LED 的光通量衰退是不可避免的，LED 发光 5 万～10 万小时的寿命是在正常工作条件下的情况。除了制造工艺和质量的原因，使得 LED 光通量衰退（光衰）的主要原因是高的管芯温度。长期管芯温度过高会造成不可逆的永久性光衰，这是造成 LED 寿命缩短的主要原因。因此，设计合理的散热条件对于保证或延长 LED 的工作寿命是至关重要的；特别是在较大功率的室外照明的情况，比如大功率公共广场照明。

（11）显色性

光源对物体本身颜色呈现的程度称为显色性。也就是颜色的逼真程度，常称"显色指数"。

4. 热学特性

LED 的光学参数与 PN 结结温有很大的关系。一般工作在小电流 $I_F<10mA$，或者 $10～20mA$ 长时间连续点亮 LED 温升不明显。若环境温度较高，LED 的主波长 λ_p 就会向长波长漂移，尤其是点阵、大显示屏的温升对 LED 的可靠性、稳定性影响应专门设计散射通风装置。LED 的主波长随温度关系可表示为

$$\lambda_p(T')=\lambda_0(T_0)+\Delta T_g\times 0.1nm/℃$$

由上式可知，每当结温升高 10℃，发生红移，即波长向长波（红外方向）漂移 1nm，且发光的均匀性、一致性变差。相反，温度降低，发生蓝移，这对于作为照明用的灯具光源要求小型化、密集排列以提高单位面积上的光强、光亮度的设计尤其应注意用散热好的灯具外壳或专门通用设备、确保 LED 长期工作。

知识3　LED 照明灯具和结构

ANSI/IESNARP-16-05 照明工程学的命名和定义中有关 LED 灯具（LED luminaire）定义是包括基于 LED 的发光元件和匹配的驱动器，以及配光部件、固定和保护发光元件的部件，以及将器具连接到分支电路部件的完整照明器具。LED 灯具的基本要求如下。

1）安全要求：不伤及人生和环境安全的。

2）性能要求：照明/信号/效果（光学性能)好，寿命长，表面处理、材料、紧固件、元器件维护和保养方便。

3）美学要求：外观和造型。

4）价格要求：性价比，物有所值。

通常室内照明 LED 灯具主要由 LED 光源、驱动模块、灯具结构件组成。而灯具结构件主要包含 LED 散热灯体、灯头、光学部分（透镜、灯罩、反光杯）、固定件、连接件等，主要散热主体材料一般用挤压铝或压铸铝，或高导热塑料外壳。LED 灯具的光源一般是采用 LED 灯板的形式（LED 灯珠按照需要可以选择小功率，也可采用大功率或 COB 封装的 LED），基板一般采用铝基板的居多。下面列举两款常见的室内 LED 灯具进行说明。

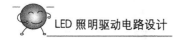

1. LED 日光灯结构

LED 日光灯主要由灯头、连接件、灯罩、散热外壳、LED 灯板等组成，如图 1-7 所示。

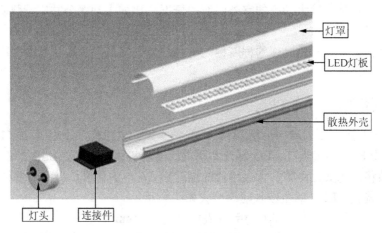

图 1-7　LED 日光灯结构

2. LED 球泡灯的结构

LED 球泡灯主要由灯头、底座（连接件）、LED 驱动电源（电路部分）、散热外壳、LED 灯板、灯罩（灯壳部分）组成，如图 1-8 所示。

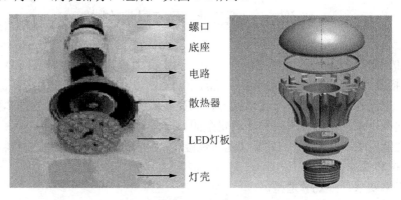

图 1-8　LED 球泡灯结构

知识 4　LED 应用

1. LED 优点

表 1-2 列出了 LED 同几种光源的比较，LED 主要有以下优点。

（1）高节能

节约能源无污染即为环保。直流驱动，超低功耗（单管 0.03～0.06W）电光功率转换接近 100%，相同照明效果比传统光源节能 80%以上。

（2）寿命长

LED 光源有人称它为长寿灯，意为永不熄灭的灯。固体冷光源，环氧树脂封装，灯体内也没有松动的部分，不存在灯丝发光易烧、热沉积、光衰等缺点，使用寿命可达 6 万～10 万小时，比传统光源寿命长 10 倍以上。

（3）多变幻

LED 光源可利用红、绿、篮三基色原理，在计算机技术控制下使 3 种颜色具有 256 级灰度并任意混合，即可产生 256×256×256＝16777216 种颜色，形成不同光色的组合变化多端，实现丰富多彩的动态变化效果及各种图像。

（4）利环保

环保效益更佳，光谱中没有紫外线和红外线，既没有热量，也没有辐射，眩光小，而且废弃物可回收，没有污染不含汞元素，冷光源，可以安全触摸，属于典型的绿色照明光源。红光 LED 含有大量的 As（砷），剧毒。

（5）高新尖

与传统光源单调的发光效果相比，LED 光源是低压微电子产品，成功融合了计算机技术、网络通信技术、图像处理技术、嵌入式控制技术等，所以亦是数字信息化产品，是半导体光电器件"高新尖"技术，具有在线编程，无限升级，灵活多变的特点。

（6）体积小

LED 基本上是一块很小的芯片被封装在环氧树脂里面，所以它非常小，非常轻。

（7）高亮度、低热量

LED 光源亮度高，比 HID 或白炽灯更少的热辐射。

此外 LED 更大的长处是应用非常灵活，可以做成点、线、面各种形式的轻薄短小产品。根据不同的应用场合、不同的外形尺寸、散热方案和发光效果，LED 封装形式多种多样。目前，LED 按封装形式分类主要有 Lamp-LED（垂直 LED）、TOP-LED（顶部发光 LED）、Side-LED（侧发光 LED）、SMD-LED（表面贴装 LED）、High-Power-LED（高功率 LED）、Flip Chip-LED 等（覆晶 LED）。图 1-9 所示是常见 LED 封装方式。

表 1-2　LED 同几种光源的比较表

光源种类	光效/（lm/W）	显色指数/Ra	色温/K	平均寿命/h
白炽灯	6～12	100	2800	1000
卤钨灯	25	100	3000	2000
普通荧光灯	70	70	全系列	6000
三基色荧光灯	93	80～98	全系列	10000
节能灯	60	85	全系列	8000

续表

光源种类	光效/（lm/W）	显色指数/Ra	色温/K	平均寿命/h
金属卤化物灯	75～95	65～92	3000～5600	8000
高压钠灯	80～120	23	2300	6000～12000
低压钠灯	120～200	—44	1750	28000
高频无极灯	50～70	85	3000～4000	40000～80000
LED（2010）	100～186	75～90	2500～8000	100000
LED（2020）	200	80～100	2500～8000	100000

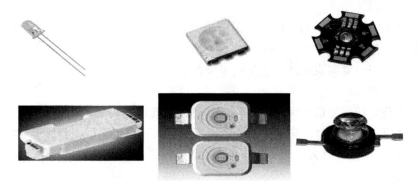

图 1-9　LED 封装

2．LED 的应用

LED 同传统光源相比具有明显优点，因此应用领域非常广，包括通信、消费性电子、汽车、照明、信号灯等，可大体区分为背光源、照明、电子设备、显示屏、汽车等五大领域。

（1）汽车灯

LED 作为汽车车灯主要得益于低功耗、长寿命和相应速度快的特点。随着成本性能比的下降以及发光效率的提升，LED 广泛应用于汽车内外灯、转向灯、刹车灯、雾灯、前照灯、车内仪表显示及照明等。LED 将逐步实现从汽车内部、后部到前部的转移，最终占据整个汽车车灯市场。

（2）背光源

LED 作为 LCD 的背光源，与传统背光技术相比，除了省电之外，还有很多独特的优点：寿命长，有更好的色域，亮度调整范围大，目前广泛应用于手机、电视等电子消费产品的背光源。

（3）显示屏

LED 显示屏作为一种新兴的显示媒体，随着大规模集成电路和计算机技术的高速发展，得到了飞速发展，它与过去传统的显示媒体多彩霓虹灯、像素管电视墙相比较，以其亮度高、动态影像显示效果好、故障低、能耗少、使用寿命长、显示内容多样、显示方式丰富、性能价格比高等优势，已广泛应用于各行各业。

（4）电子设备指示

LED 以其功耗低、体积小、寿命长的特点，已成为各种电子设备指示灯的首选，目前几乎所有的电子设备都有 LED 的身影。

（5）LED 照明

照明的发展经过白炽灯、日光灯，到现在比较普遍的节能灯。目前，LED 照明已逐渐发展至商品化的初步阶段，再下个阶段将是 LED 照明灯的普及了，需要超高亮度的 LED，超长寿命、极低功耗将是 LED 灯很大的优势，同时成本考虑也是一个关键。LED 照明根据自身优势正广泛应用于室外景观照明、室内装饰照明、专用照明、特种照明、普通照明等。

知识 5　LED 照明灯具分类

1. LED 照明灯具

LED 照明按使用场所和环境不同可分为室内照明、户外照明和其他特种照明，具体分类如表 1-3 所示。

表 1-3　LED 照明灯具产品分类

类项	产品	主要产品	备注
室内照明	LED 筒灯、LED 日光灯、LED 球泡灯、LED 蜡烛灯、LED 格栅灯、LED 平板灯、LED 天花灯、LED 嵌灯、LED 柜台灯、LED 吸顶灯、LED 吊灯、LED 壁灯、LED 落地灯、LED 台灯、LED 浴霸灯、LED 无影灯、LED 射灯、LED 投灯等	LED 球泡灯、LED 筒灯、LED 射灯、LED 日光灯等	目前室内照明主要有 G E、飞利浦、欧司朗等国际公司 LED 产品，国内主要有三雄极光、雷士、欧普照明、TCL 照明为代表 LED 产品
户外照明	LED 路灯、LED 太阳能灯、LED 隧道、LED 庭院灯、LED 埋地灯、LED 洗墙灯、LED 景观灯、LED 草坪灯、LED 护栏灯、LED 汽车灯、LED 灯带、LED 交通灯、LED 舞台灯等	LED 路灯、LED 隧道、LED 路灯等	户外照明目前主要以景观照明为主，LED 路灯等产品也得到快速推广
其他特种照明	LED 手电筒、LED 矿灯、LED 应急、照相机闪光灯、显微镜灯等	LED 手电筒、LED 矿灯等	

2. LED 室内照明灯具

根据国际照明委员会（CIE）的建议，灯具按光通量在上下空间分布的比例分为 5 类：直接型、半直接型、全漫射型（包括水平方向光线很少的直接-间接型）、半间接型和间接型，如表 1-4 所示。

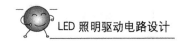

表 1-4　室内灯具分类

灯具类别		直接型	半直接型	全漫射型 （直接间接型）	半间接型	间接型
光强分布						
光通量 分配/%	上	0～10	10～40	40～60	60～90	90～100
	下	100～90	90～60	60～40	40～10	10～00

（1）直接型灯具

此类灯具绝大部分光通量（90%～100%）直接投照下方，所以灯具的光通量的利用率最高。

（2）半直接型灯具

这类灯具大部分光通量（60%～90%）射向下半球空间，少部分射向上方，射向上方的分量将减少照明环境所产生的阴影的硬度并改善其各表面的亮度比。

（3）漫射型或直接-间接型灯具

灯具向上向下的光通量几乎相同（各占 40%～60%）。最常见的是乳白玻璃球形灯罩，其他各种形状漫射透光的封闭灯罩也有类似的配光。这种灯具将光线均匀地投向四面八方，因此光通利用率较低。

（4）半间接灯具

灯具向下光通占 10%～40%，它的向下分量往往只用来产生与天棚相称的亮度，此分量过多或分配不适当也会产生直接或间接眩光等一些缺陷。上面敞口的半透明罩属于这一类。它们主要作为建筑装饰照明，由于大部分光线投向顶棚和上部墙面，增加了室内的间接光，光线更为柔和宜人。

（5）间接灯具

灯具的小部分光通（10%以下）向下。设计得好时，全部天棚成为一个照明光源，达到柔和无阴影的照明效果，由于灯具向下光通很少，只要布置合理，直接眩光与反射眩光都很小。此类灯具的光通利用率比前面 4 种都低。

3. LED 灯头介绍

根据国际标准，常见灯头分为 MR16、GU10、E27 等几种，如图 1-10 所示。

1）MR16。在照明行业里指最大外径为 2in（1in＝2.54cm，下同）的带多面反射罩的灯具，灯具的型号由英文字母和数字组成。MR 是英文 Multifaceted（Mirror）Reflector 的缩写，意思是一种由多个反射面组合成的反射器。数字表示灯泡最大外形的尺寸，为

1/8in 的倍数。所以"16"就表示灯具的最大外径尺寸是 2in。生活中常见的灯杯、射灯大多数都采用此灯头，多数低压（12V、24V、36V 等）灯具也采用 MR16。

2）GU10。G 表示灯头类型是插入式，U 表示灯头部分呈现 U 字形，后面数字表示灯脚孔中心距为 10mm，GU10 是最常见的。

3）E27。E 是代表螺口，字母后的数字代表接口直径尺寸（cm）。E27 是 2.7cm 螺口灯头，一般生活中用得最多的是 E27 和 B27 的，当然还有 E40，E40 多数用于特殊灯具，一般功率比较大的灯都用 E40，如 1000W 金属卤化物灯等。

另外还有一些比较特殊灯头，如 G24 灯头。G24 属于横插式灯头，在现实生活中，一些超市、酒店天花板上筒灯里面多数装的是 G24 横式的灯。

MR16   GU10   E27

图 1-10　LED 灯头外形结构

□ 任务实施

任务 1　LED 正反向电压测试

1．LED 正向电压测量

（1）任务描述

测量 LED 器件在规定正向工作电流下，两电极间产生的电压降。

（2）测试框图

正向电压测试由电源、电压电流表和待测 LED 组成，测试框图和测试板连接图如图 1-11 所示。

（3）测试步骤

1）按图 1-11 原理连接测试系统，并使仪器预热。

2）调节恒流源，使电流表读数为规定值，这时在直流电压表上的读数即为被测器件的正向电压。

（4）测试数据

将测试数据记录表 1-5 中。

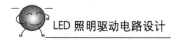

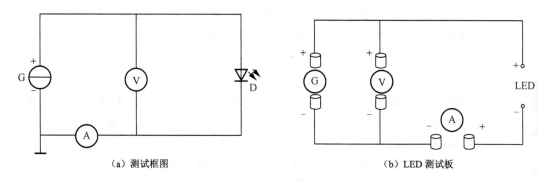

（a）测试框图　　　　　　　　　　　　　　（b）LED 测试板

图 1-11　正向电压测试框图和测试板

D—被测 LED 器件；G—恒流源；A—电流表；V—电压表

表 1-5　正向电压测量（白光、绿光、红光）

电压电压/V	
工作电流/mA	

2. 测量 LED 反向电压

（1）任务描述

测量通过 LED 器件的反向电流为规定值时，在两电极之间产生的反向电压。

（2）测试框图

反向电压测试由电源、电压表、电流表和待测 LED 组成，测试框图和测试板连接图如图 1-12 所示。

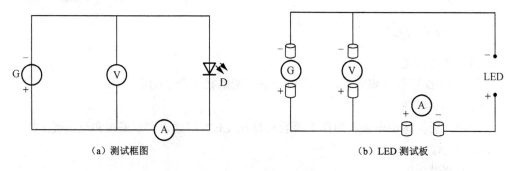

（a）测试框图　　　　　　　　　　　　　　（b）LED 测试板

图 1-12　反向电压测试框图和测试板

D—被测 LED 器件；G—稳压源；A—电流表；V—电压表

（3）测试步骤

1）按图 1-12 原理连接测试系统，并使仪器预热。

2）调节稳压电源，使电流表读数为规定值，这时在直流电压表上的读数即为被测器件的反向电压。

（4）测试数据

将测试数据记录在表 1-6 中。

表 1-6 反向电压测量（白光、绿光、红光）

反向电压/V	
反向电流/μA	

3. 测量 LED 伏安特性（V-I）

（1）任务描述

测试发光二极管的电流随管子两端电压变化而变化的关系。

（2）测试框图

伏安特性测量由电源、电压表、电流表和待测 LED 组成，测试框图和测试板连接图如图 1-13 所示，参见正向和反向电压测试连接。

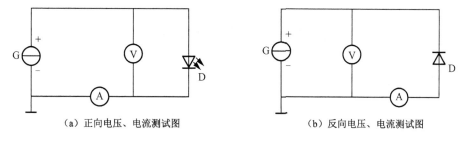

（a）正向电压、电流测试图　　　　　　（b）反向电压、电流测试图

图 1-13　LED 正反向电压、电流测试图

G—电压源；V—电压表；A—电流表；D—LED

（3）测试步骤

1）实验前，将稳压电压输出调整为零。

2）将待测白光/红光/绿光 LED 接入测试板的插孔，按测试框图 1-13 连接好仪表和电源。

3）电压表量程选择 20V，电流表量程选择 200mA。打开稳压电源开关，缓慢调节"电压调节"旋钮，记录电流表和电压表的数据。

4）将电源输出再次调整为零，关掉稳压电源，将 LED 接入反向端口，电流表量程选择 200μA，打开电源开关，再调节输出电压，读出对应的反向电流、电压，记录数据。

5）实验完成后将电压调节到最小，实验装置及实验器材恢复到初始状态。

6）注意事项：

① 测反向电压、电流时须注意，通常 LED 的反向电流很小，小于 10μA（大于 10μA LED 被认为不合格）。

② 红光 LED 的反向电流很小，电压超过 10V 才有反向电流显示，而这么高的电压

对红光 LED 有破坏作用，所以不具体测量红光 LED 反向 V–I 特性。

4. 测试数据

将测试数据记录在表 1-7 和表 1-8 中。

表 1-7　正向特性测量（白光、绿光、红光）

正向电压/V				
正向电流/mA				

表 1-8　反向特性测量（白光、绿光）

反向电压/V				
反向电流/μA				

根据测量数据，描述出 LED 正向特性和反向特性曲线。

任务 2　LED 光色电综合测试

1. 任务描述

使用 ZWL-600 光色电综合测试系统测试发光二极管的特性。

2. 测试框图

测试框图如图 1-14 所示。

3. 测试准备阶段

1）启动控制计算机，打开测试主机面板前电源按钮，以及光谱仪后面电源开关，主机仪表默认设置在"光强测试"模式，打开测试软件。

2）校零。在光强（或者光通量）测试模式下，如当前显示光强（或者光通量）数值不为零（允许是个较小的数值），需要校零，要求如下。

① 不需要将二极管插入测试装置。

② 按下主机前面面板的"校零"快捷键。

③ 在提示"校零完成"后，自动恢复到之前的状态。

4. 基本曲线（I–V 电流–电压曲线）测试

1）主机选择在光通量模式。

2）将 LED 灯插入到积分球装置的夹具上。

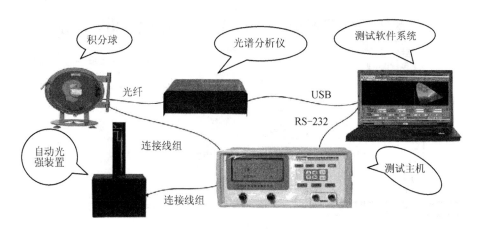

图 1-14　ZWL-600 光色电综合测试系统

注意：极性，此时可以检查 LED 是否点亮，如果不亮，可能是弄错极性，在主机面板上重新选择"光通量"模式，拔下 LED 反过来插入。

输入一个小的电流（如 5mA），利于极性调整，不伤 LED，点亮 LED 后不刺眼，还可以预热 LED。

3）测试设置。

在主界面中选择"基本曲线"选项，此时所有菜单、快捷按钮都对应到基本曲线的操作。选择"设置"→"测试设置"菜单项，或直接单击"测试设置"快捷按钮，即可打开基本曲线的测试设置界面。操作过程如图 1-15 和图 1-16 所示。

图 1-15　测试设置

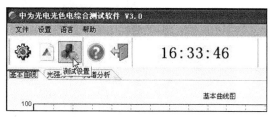

图 1-16　快捷键测试设置

单击"测试设置"按钮后，基本曲线（电流-电压）测试设置界面如图 1-17 所示。

完成所有参数设置后，单击"确认设置"按钮，即完成测试设置，设置的参数值显示到基本曲线的显示界面上，如图 1-18 所示。

4）联机测试。

参数设置完毕后，即可进行联机测试，具体操作为：选择"文件"→"联机测试"菜单项或直接单击"联机测试"快捷按钮，如图 1-19 和图 1-20 所示。

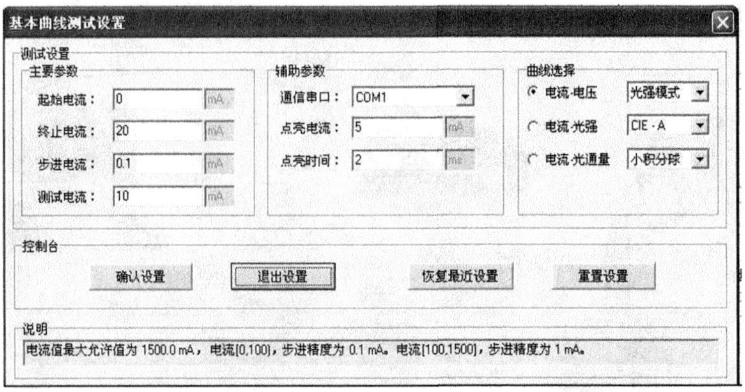

基本曲线测试设置

测试设置

主要参数

起始电流: 0 mA
终止电流: 20 mA
步进电流: 0.1 mA
测试电流: 10 mA

辅助参数

通信串口: COM1
点亮电流: 5 mA
点亮时间: 2 ms

曲线选择

● 电流-电压 光强模式
○ 电流-光强 CIE·A
○ 电流-光通量 小积分球

控制台

确认设置   退出设置   恢复最近设置   重置设置

说明

电流值最大允许值为 1500.0 mA，电流[0,100]，步进精度为 0.1 mA。电流[100,1500]，步进精度为 1 mA。

图 1-17　测试设置界面

图 1-18　设置确认后的界面

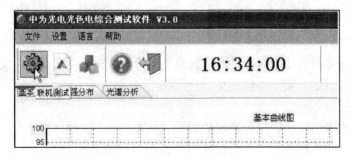

图 1-19　快捷键联机测试

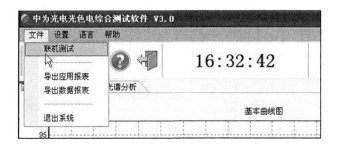

图 1-20　文件选择联机测试

测试后，基本曲线显示如图 1-21 所示（电流-光通量）。

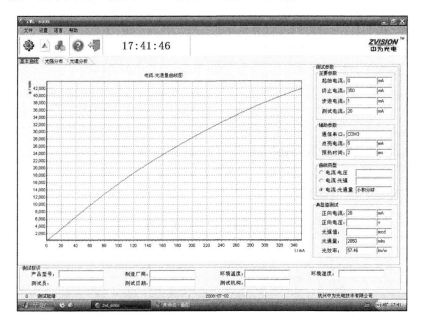

图 1-21　基本曲线图

测试完成后，用户可根据需要进行应用报表、数据报表的打印，如图 1-22 和图 1-23 所示。

图 1-22　导出报表界面

在报表中单击"导出"按钮，如图 1-23 所示，可将报表导出为 PDF、HTML、Excel、Gif、BMP 和 RTF 等格式。应用报表建议不采用导出 Excel 格式。单击"导出"→"PDF 文件"命令后出现对话框，如图 1-24 所示，选用默认设置，单击"确定"按钮即可将报表导出为 PDF 格式，其他格式的导出操作与此一致。

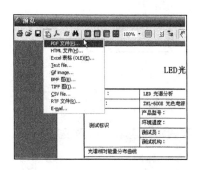

图 1-23　报表导出界面

图 1-24　导出 PDF 界面

5. 光强分布测试

（1）参数设置

在主界面中选择"光强分布"选项，此时所有菜单、快捷按钮都对应到基本曲线的操作。选择"设置"→"测试设置"菜单项，或直接单击"测试设置"快捷按钮，即可打开光强分布的测试设置界面。设置过程如图 1-25～图 1-27 所示。

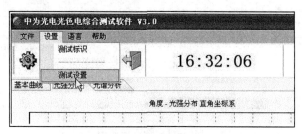

图 1-25　光强测试设置

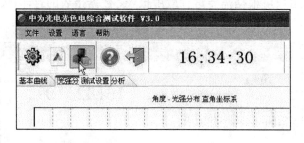

图 1-26　测试设置快捷按钮

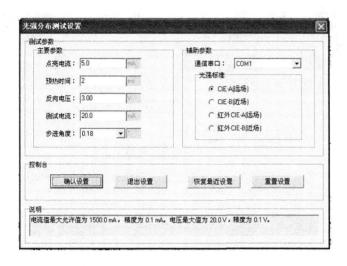

图 1-27　光强测试参数设置

完成所有参数设置后，单击"确认设置"按钮，即完成测试设置，设置的参数值显示到光强分布的显示界面上，如图 1-28 所示。

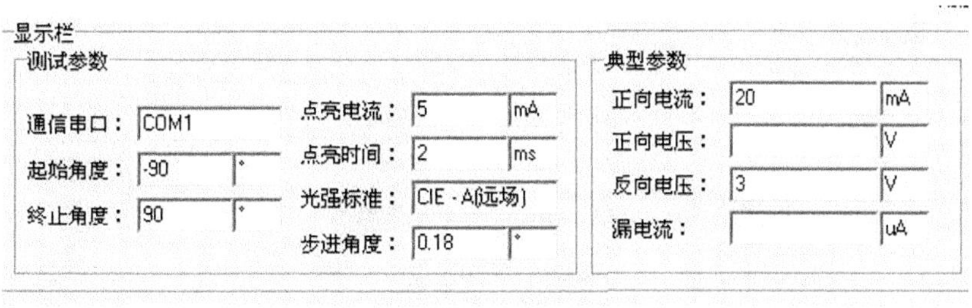

图 1-28　设置参数显示

（2）联机测试

参数设置完毕后，即可进行联机测试，具体操作为：单击菜单"文件"→"联机测试"菜单项或直接单击"联机测试"快捷按钮。操作过程如图 1-29～图 1-31 所示。

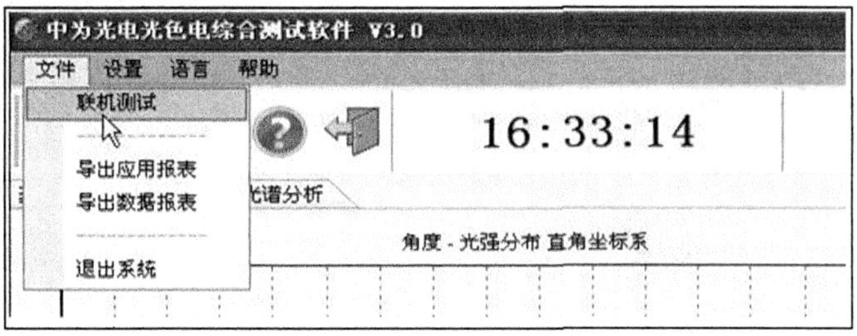

图 1-29　联机测试

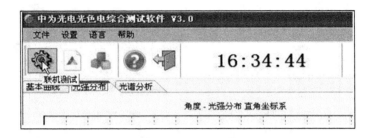

图 1-30　联机测试快捷按钮

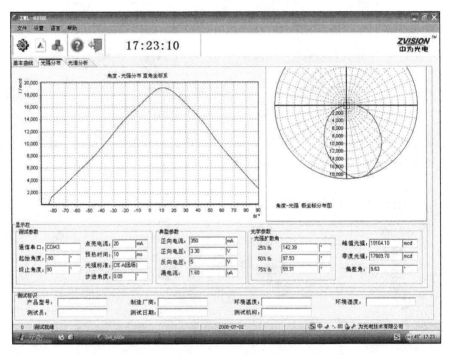

图 1-31　测试结果

（3）报表打印

测试完成后，用户可根据需要进行应用报表、数据报表的打印，如图 1-32 所示。

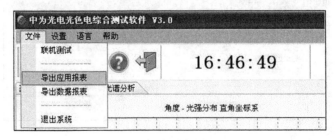

图 1-32　导出报表

（4）结束测试

测试结束后，在主机界面选择"光通量"模式，此时 LED 灯熄灭，拔下 LED 灯。

6. 光谱分析测试

（1）测试准备

在测量界面下选择"光强"模式，按下"←"键清除当前的电流值，再输入需要的电流值 5mA，最后单击"确认"按钮，将 LED 灯插入夹具上，然后将夹具插入到积分球中的插座上，再选择"光通量"模式，设置生效。此时，可以检查 LED 是否点亮，如果不亮，可能是弄错极性，在主机面板上重新选择"光强"模式，拔下 LED 反过来插入。

（2）参数设置

在主界面中选择"光谱分析"选项，此时所有菜单、快捷按钮都对应到光谱分析的操作。选择"设置"→"测试设置"菜单项，或直接单击"测试设置"快捷按钮，即可打开光谱分析的测试设置界面。设置过程如图 1-33～图 1-37 所示。

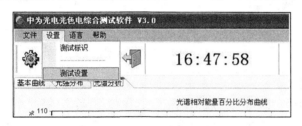

图 1-33　测试设置

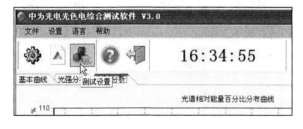

图 1-34　测试设置快捷按钮

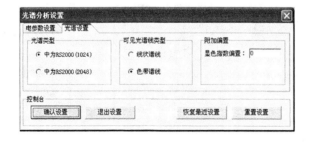

图 1-35　测试设置

图 1-36　测试设置　　　　　　　　　　　图 1-37　测试设置

完成所有参数设置后，单击"确认设置"按钮，即完成测试设置，设置的参数值显示到基本曲线的显示界面上，如图 1-38 所示。

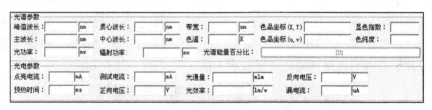

图 1-38　设置参数显示

（3）联机测试

参数设置完毕后，即可进行联机测试，具体操作为：选择"文件"→"联机测试"菜单项或直接单击"联机测试"快捷按钮，如图 1-39～图 1-42 所示。

图 1-39　联机测试

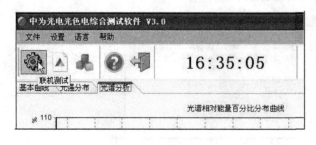

图 1-40　测试快捷键

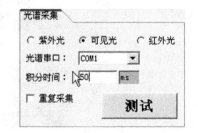

图 1-41　测试

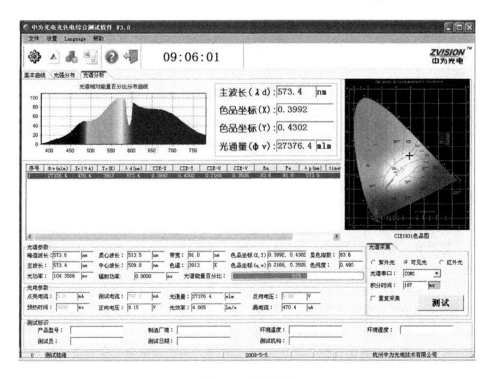

图 1-42 测试结果

（4）报表打印

测试完成后，用户可根据需要进行应用报表、数据报表的打印，如图 1-43 所示。

（5）测试结束

测试结束后，在主机界面选择"光强"模式，此时 LED 灯熄灭，拔下夹具，拔下 LED 灯，放回原处，关闭积分球。

7. 关机

关闭积分球，关闭光强装置箱体，关闭主机电源以及光谱仪电源，关闭软件，计算机。

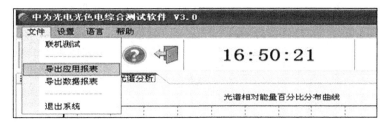

图 1-43 导出报表

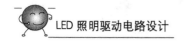

拓展与练习

ZWL-600 中为光色电综合测试系统

杭州中为光电技术股份有限公司开发的 ZWL-600 光色电综合测试系统是一款针对各类光源进行光、色、电等参数综合检测的设备，系杭州中为光电技术股份有限公司标准配置机，广泛应用于 LED 企业来料品检、研发检测及企业标准建设等场所。

1. 系统概述

ZWL-600 测试系统可系统性地完成发光二极管的电参数：I-V 特性、反向电流；光参数：光通量 0～300lm、光强 0～300cd；色参数：色温 1300～25000K、波长 380～780nm 的高精度测试，通过测试界面、参数报表等功能，呈现直观的测试结果。具有强大的数据分析功能，可实现 I-I_v、I-V_f、I-ϕ、电流光效率分析曲线。采用开放式的测试方式，可对各种规格 LED、小型灯具的光色电性能进行综合测试。主要特点如下。

1）自主模块化设计，经济实惠，设备保有成本低。

2）人性化设计，界面简洁、明了，操作简便；系统测试全部参数支持报表分析功能，可导出 Excel、PDF 格式，方便测试评估。

3）完善夹具库支撑，满足夹具扩展需求。

4）可追溯 IEC、CIE、EnergyStar、NIM 等权威检测标准。

2. 系统技术参数

系统技术参数如表 1-9 所示。

表 1-9　ZWL-600 光色电综合测试系统技术参数

参数	功能	测试范围	精度	分辨率
电参数	正向电压测量	0～20V	0.02V	0.01V
	反向漏电流测量	0～470μA	1μA	0.1μA
	驱动电流	1～1500 mA	2%＋0.1mA	0.1mA
光参数	光通量测量	0～300.00lm	3%f.s.＋0.001lm	0.001lm
	光强测量	0～300.00cd	5%f.s.＋0.001cd	0.001cd
色参数	波长范围	380～780nm	1.0nm	0.1nm
	显色指数	0～100	1	1
	色品坐标	X、Y 和 U、V	0.003	0.0001
	色温	1300～35000K	0.8‰@6500K	1K

3. 测试系统组成

ZWL-600 光色电综合测试系统主要由光强测试装置、测试主机、积分球、测试软件系统等组成。图 1-44 是 ZWL-600 光电色综合测试系统图。

图 1-44 ZWL-600 光色电综合测试系统

4. ZWL-600 中为光色电综合测试软件介绍

（1）系统软件功能框图

ZWL-600 是光色电综合测试系统的专门软件，必须和硬件系统配套才能正常使用。本软件系统提供了强大的测试功能，系统功能框图如图 1-45 所示。

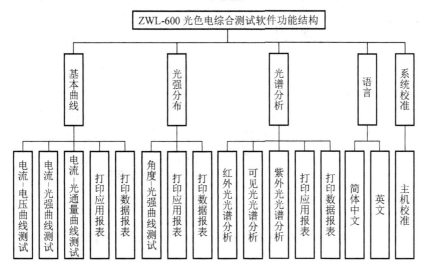

图 1-45 ZWl-600 系统软件功能框图

（2）系统连接

软件的功能同系统的输入源机构、输出接收机构之间的关系框图如图 1-46 所示。

（3）系统软件安装与初始化

双击安装文件后，按照提示逐步安装，安装完毕后，将光谱标定文件复制存放到安装目录下即完成整个安装过程（默认路径为 C:\Program Files\ZWL-600 中为光色电综合测试软件）。

（4）基本曲线测试简介

基本曲线部分可进行电流-电压、电流-光强、电流-光通量的测试，这些不同的测试内容具有一致的操作流程，人性化的操作界面。通过参数的设置可进行快速简单测试和高精度的实验室测试，满足各类用户的测试需求。

在进行所有方式的测试操作前，用户必须先进行硬件系统和串口的连接。测试流程如图 1-47 所示。

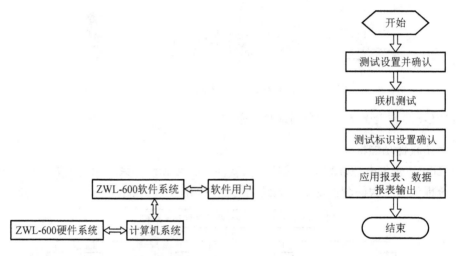

图 1-46　系统连接　　　　　　　图 1-47　基本曲线测试流程

（5）光强分布测试简介

光强分布部分用于测试 LED 空间光强分布曲线。光强测试标识可调（应对应于自动光强装置状态）。提供人性化的操作界面，按钮功能强大。通过参数的设置可进行快速简单测试和高精度的实验室测试，满足各类用户的测试需求。

在进行所有方式的测试操作前，用户必须先进行硬件系统和串口的连接。测试流程如图 1-48 所示。

（6）光谱分析测试简介

光谱分析部分可进行 LED 光谱参数分析，光效率、光功率计算。具有强大的功能按键和人性化的操作界面。

在进行所有方式的测试操作前，用户必须先进行硬件系统和串口的连接。操作流程如图 1-49 所示。

（7）系统参数定义

起始电流：进行曲线测试时的开始电流。

终止电流：进行曲线测试时的结束电流。

步进电流：进行曲线测试时电流的每次增量。

测试电流：进行参数测试时 LED 的电流。

通信串口：与 ZWL-600E 主机连接的计算机串口。

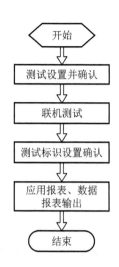

图 1-48　光强分布测试流程

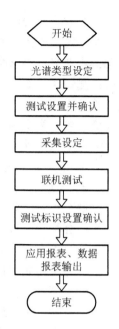

图 1-49　光谱分析测试流程

点亮电流：测试结束后，用于 LED 点亮的电流。

预热时间：进行测试前，预热 LED 所用时间。

电流-电压：用于测试 LED 电流和电压关系曲线。

光强模式：自动光强装置连入主机系统时的测试模式。

光通量模式：积分球装置连入主机系统时的测试模式。

电流-光强：用于测试 LED 电流和光强关系曲线。

CIE—A（远场）：自动光强装置为远场标准，测试可见光。

CIE—B（近场）：自动光强装置为近场标准，测试可见光。

CIE—A 红外（远场）：自动光强装置为远场标准，测试红外光。

CIE—B 红外（近场）：自动光强装置为近场标准，测试红外光。

电流-光通量：用于测试 LED 电流和光通量关系曲线。

小积分球、中积分球、大积分球：用于标识测试所用积分球，无实质作用。

正向电流：即测试电流，用于测定典型值。

正向电压：LED 输入为正向电流时，两端的电压。

反向电压：进行漏电流测试时 LED 的反向电压。

漏电流：LED 两端加反向电压时，对应的电流。

光强值：LED 输入为正向电流时，LED 的光强值。

光通量：LED 输入为正向电流时，LED 的光通量。

光效率：LED 的发光效率，对应于光通量测试且 LED 输入为正向电流时。

步进角度：光强分布曲线测试时，每次测试角度的增量。

光强扩散角：对应于当前光强分布测试数据中峰值照度*x%所对应的角度跨度。

峰值光强：当前光强测试数据中光强的最大值。

零度光强：测试角为 0°对应的光强值。

偏差角：峰值光强所在的角度和 0°的差值。

RS232 光谱：接口类型为 RS232 的光谱。

USB 光谱：接口类型为 USB 的光谱。

1024 光谱：像元为 1024 的光谱。

2048 光谱：像元为 2048 的光谱。

紫外光：光谱分析对应紫外光波长范围。

可见光：光谱分析对应可见光波长范围。

红外光：光谱分析对应红外光波长范围。

光谱串口：计算机与光谱仪连接的串口。

积分时间：对被测光的积分时间。

重复采集：当被勾选时，软件自动连续采集；当未被选中时，进行单步采集。

光谱相当能量分布曲线：对应于当前灯具电学参数状态及采集参数状态下光谱的相当能量分布数据。（最大能量波长对应为 100%，其他波长能量与其比值为该波长的相当能量值）。

CIE1931 色品图的靶点：对应于当前光谱测试数据色品坐标 X，色品坐标 Y 的坐标点。

练习与思考

1. 填空题

（1）MR16 中 MR 指的是_____，其中数字 16 是_____。

（2）暖白的色温范围是多少_____，中间白的色温范围是多少_____，冷白的色温范围是多少_____。

（3）LED 灯珠的理论寿命为_____h。

（4）LED 的英文全名_____。

（5）LED3528 小功率灯珠额定电流为_____mA，1W 灯珠额定电流为_____mA，3W 灯珠额定电流为_____mA。

（6）色温（定义）_____。

（7）以下常用光源的可达显色指数值：三基色日光灯管：_____、金卤灯_____、LED：_____。

（8）LED 灯具一般是由_____、_____、_____等几部分组成。

（9）LED 灯具按光通量可分_____、_____、_____、_____。

（10）国内外知名生产 LED 室内照明厂家有（请用中英文说出 4 家及以上）：
_____。

2. 选择题

（1）LED 灯具的光是聚光还是散光的？（   ）
    A．两者都有   B．聚光   C．散光   D．两者皆无

（2）LED 灯具的优点有（   ）。
    A．价格便宜   B．价格便宜，环保
    C．环保，寿命长，节能   D．价格便宜，环保，省点，节能

（3）LED 灯具的色温和光通量分别指什么？（   ）
    A．光的颜色和流明值   B．光的颜色和速度
    C．光的温度和亮度值   D．光的温度和速度

（4）LED 能做的颜色是（   ）。
    A．白光   B．红光   C．红绿蓝   D．全色段

（5）PAR30 中的 30 指的是（   ）。
    A．灯的外径   B．灯的底座直径
    C．灯的高度   D．透镜的直径

（6）光效和照度的单位分别是（   ）。
    A．lm，lux   B．lm/W，lux   C．lm，lm/W   D．lm/W，MCD

3. 名词解释

（1）光衰。
（2）照度。
（3）伏安特性。
（4）光学特性。
（5）光度综合测试仪。

4. 问答题

（1）GU10 灯头表示含义。
（2）光电综合测试仪测量光通量过程。
（3）LED 的优点和应用。

考核与评价

任务实施完成后，要求每一位同学对任务完成情况总结并进行课堂交流分享。同时老师结合产品质量、班级纪律记录与各个小组的评价对每一位同学进行综合评价。详见

 LED 照明驱动电路设计

学习任务学生综合评价表。

学习任务学生综合评价表

任务名称：_____

班级名称：_____ 学生姓名：_____ 所属小组：_____ 岗位名称：_____

项目名称	评 价 内 容	配分	评价分数		
			自评	组评	师评
职业素养 40%	劳动保护穿戴整齐，仪容仪表符合规范，文明礼仪	6分			
	有较强的安全意识、责任意识、服从意识	6分			
	积极参加教学活动，善于团队合作，按时完成任务	10分			
	能主动与老师、管理人员、小组成员有效沟通，积极展示工作进度成果	6分			
	劳动组织纪律（按照平时学习纪律考核记录表）	6分			
	学习用品、实训工具、材料摆放整齐，及时清扫清洁，生产现场符合 6S 管理标准	6分			
专业能力 60%	上课能专心听讲，笔记完整规范，专业知识掌握比较好	12分			
	技能操作符合规范，符合产品组装工艺，元器件识别正确、有质量意识	18分			
	勤学苦练、操作娴熟，工作效率高，总结评价真实、合理、客观	12分			
	电子产品的验收质量情况（参照企业产品验收标准及评分表）	18分			
总 分					
总 评	自评×20%＋组评×20%＋师评×60%＝		综合等级	教师（签名）： 年 月 日	

注：学习任务评价按自我评价、组长评价和教师评价 3 种方式，考核分为：A（100～90）、B（89～80）、C（79～70）、D（69～60）、E（59～0）5 个级别。

项目二 认识 LED 照明驱动电路设计

学习目标

1. 熟悉 LED 照明驱动的基本要求及驱动方案；
2. 掌握常用 LED 照明驱动拓扑结构；
3. 掌握照明驱动电路设计要点；
4. 了解 PFC 校正电路原理；
5. 熟悉 LED 驱动电源组装方法和测试方式。

采用 LED 照明，首先需要考虑的是其亮度、成本以及寿命。由于影响 LED 寿命的主要原因是其频繁启动瞬间的电流冲击，外界的各种浪涌脉冲，使用场合环境温度以及正常工作时的电流限制等，与荧光灯的电子镇流器不同，LED 照明驱动电路的主要功能是将交直流供电电压转换为恒流电源，并同时完成与 LED 的电压和电流的匹配。在输入电压和环境温度等因素发生变动的情况控制 LED 电流的大小。本项目通过组装一款常用 3WLED 照明驱动电路，学习 LED 照明常见的驱动电源方案、驱动电路拓扑结构和工作原理，常用 LED 驱动芯片等内容。

相关知识

知识 1 LED 照明驱动电路设计基础知识

由于 LED 是特性敏感的半导体器件，不像普通的白炽灯泡，可以直接连接 220V 的交流市电，因而在应用过程中需要对其进行稳定工作状态和保护，从而产生了驱动的概念。LED 是 2～3V 的低电压驱动，必须要设计复杂的变换电路。不同用途的 LED 灯，还要根据 LED 灯具结构特性和要求，配备不同的电源适配器，如图 2-1 所示。

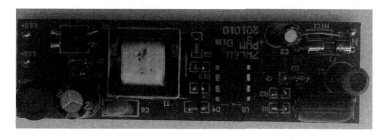

图 2-1　LED 电源适配器

1. LED 照明驱动的基本要求

LED 驱动电源是把电源供应转换为特定的电压电流以驱动 LED 发光的电压转换器,从图 1-1 所示的 LED 温度特性中可以看出,当 LED 温度升高时正向压降 VF 减小,会使电流进一步增大,导致 PN 结温升高,形成恶性循环;高温会导致 LED 发光效率衰退,它的光通量就会下降,甚至损坏。因此,LED 照明驱动电路设计必须根据 LED 特性设计和使用,照明用 LED 管芯对驱动电源有如下要求。

1)稳定的直流驱动电流。在多个 LED 并联使用时,要求各 LED 的电流相匹配,使亮度均匀。

2)电流脉动尽量小。

3)如果电流有脉动,其频率应该较高。

4)高效率。LED 是节能产品,驱动电源的效率要高。对于电源安装在灯具内的结散热非常重要。电源的效率高,它的耗损功率小,在灯具内发热量就小,也就降低了灯具的温升,对延缓 LED 的光衰有利。

5)高的功率因数。当采用交流市电网供电时,虽然功率不大的单个用电器功率因素低一点对电网的影响不大,但小功率的低功率因数负载大量同时使用,会对电网造成较严重的污染;特别是晚上集中使用期间对电网的污染尤其严重。美国、欧盟等国家对功率因素有明确指标要求,因此在 LED 驱动电源中设计功率因数校正功能,对于减小供电线路损耗,提高电力网的效率非常重要。

6)电气隔离

LED 驱动电源由电压较高的交流市电网供电,但是 LED 工作在较低的安全电压下;为了用电和维护安全,应该在二者之间设计电气隔离。

7)浪涌保护

浪涌电流是指电网中出现的短时间像"浪"一样的高电压引起的大电流。当某些大容量的电气设备接通或断开时间,由于电网中存在电感,将在电网产生"浪涌电压",从而引发浪涌电流。LED 由于本身特性的原因,抗浪涌能力较差,特别是反向抗压能力,因此加入浪涌保护电路非常必要。

8)保护电路

除常规的欠压保护、过压保护、过流保护外,最好加入温度反馈电路,因为 LED 温升对寿命及发光效率都有影响,防止 LED 温度过高对 LED 寿命及延长光衰有利。

9)体积小、成本低、可靠性高。

10)高可靠性。特别像 LED 路灯的驱动电源,装在高空,维修不方便,维修的花费也大。

11)设计合理的散热条件。

2. LED 电源分类

（1）按供电线路和负载连接方式分类

LED 驱动电源根据供电线路和负载连接方式可分为隔离式 LED 电源和非隔离式 LED 电源。具体分类和用途如表 2-1 所示。

表 2-1　LED 电源分类及用途

LED 电源种类		主要用途
隔离式	内置驱动	LED 射灯，LED 灯杯，LED 筒灯，LED 台灯，LED 壁灯，LED 日光灯，LED 吸顶灯，LED 隧道灯，LED 投射灯，LED 遥控灯
	外置驱动	3WLED 电源，5WLED 电源，10WLED 电源，20WLED 电源，50WLED 电源，100W LED 电源，50W LED 电源，200W LED 电源，250W LED 电源，300W LED 电源
非隔离式		LED 日光灯，LED 吸顶灯，LED 台灯，LED 护栏管，LED 面板灯，LED 壁灯

非隔离是指在 LED 负载端和 220V 输入端有直接连接，因此触摸负载就有触电的危险，如图 2-2 所示。220V 和铝壳之间只有铝基板的极薄绝缘层的隔离，通常不容易通过 CE 和 UL 认证。

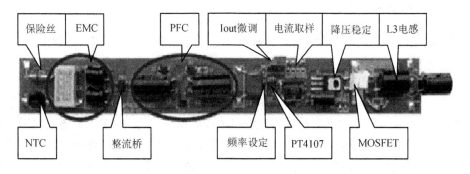

图 2-2　非隔离式 LED 驱动电源

隔离式是指在输入端和输出端有隔离变压器隔离，这种变压器可能是工频也可能是高频的，如图 2-3 所示。但都能把输入和输出隔离起来，可以避免触电的危险，也容易通过 CE 或 UL 认证。

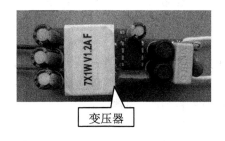

图 2-3　隔离式 LED 驱动电源

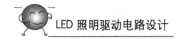

（2）按驱动方式分类

1）恒流式。

① 恒流驱动电路输出的电流是恒定的，而输出的直流电压却随着负载阻值的大小不同在一定范围内变化，负载阻值小，输出电压就低，负载阻值越大，输出电压也就越高。

② 恒流电路不怕负载短路，但严禁负载完全开路。

③ 恒流驱动电路驱动 LED 是较为理想的，但相对而言价格较高。

④ 应注意所使用最大承受电流及电压值，它限制了 LED 的使用数量。

2）恒压式。

① 当恒压电路中的各项参数确定以后，输出的电压是固定的，而输出的电流却随着负载的增减而变化。

② 恒压电路不怕负载开路，但严禁负载完全短路。

③ 以恒压驱动电路驱动 LED，每串需要加上合适的电阻方可使每串 LED 显示亮度平均。

④ 亮度会受整流而来的电压变化影响。

3. 常见 LED 照明驱动方案

用原始电源给 LED 照明供电有 4 种情况：低电压驱动、过渡电压驱动、高电压驱动、市电驱动。不同的情况在电源变换的技术实现上有不同的方案。

（1）低电压驱动 LED

低电压驱动就是指用低于 LED 正向导通压降的电压驱动 LED，如一节普通干电池或镍镉/镍氢电池，其正常供电电压为 0.8～1.65V。低电压驱动 LED 需要把电压升高到足以使 LED 导通的电压值。对于 LED 这样的低功耗照明器件，这是一种常见的使用情况，如 LED 手电筒、LED 应急灯、节能台灯等。由于受单节电池容量的限制，一般不需要很大的功率，但要求有最低的成本和比较高的变换效率，考虑有可能配合一节 5 号电池工作，还要有最小的体积。电源电路结构可采用并联型开关升压变换器。

（2）过渡电压驱动 LED

过渡电压驱动是指给 LED 供电的电源电压值在 LED 压降附近变动，这个电压有时可能略高于 LED 压降，有时可能略低于 LED 压降。如一节锂电池或者两节串联的铅酸电池，满电时电压在 4V 以上，电快用完时电压在 3V 以下。用这类电源供电的典型应用如 LED 矿灯。

过渡电压驱动 LED 的电源变换电路既要解决升压问题，又要解决降压问题，为了配合一节锂电池工作，需要有尽可能小的体积和尽量低的成本。一般情况下功率也不大，其电源电路结构可采用反极性升降压变换器。

（3）高电压驱动 LED

高电压驱动是指给 LED 供电的电压值始终高于 LED 管压降，如 6V、12V、24V 蓄电池。典型应用如太阳能草坪灯、太阳能庭院灯、机动车的灯光系统等。高电压驱动 LED 要解决降压问题,由于高电压驱动一般是由普通蓄电池供电,会用到比较大的功率,如机动车照明和信号灯光,应该有尽量低的成本。电源电路结构可采用串联开关型降压变换器。

（4）市电驱动 LED

这是一种对 LED 照明应用最有价值的供电方式,是半导体照明普及应用必须要解决好的问题。用市电驱动 LED 要解决降压和整流问题,还要有比较高的变换效率,有较小的体积和较低的成本,还应该解决安全隔离问题,考虑对电网的影响,还要解决好电磁干扰和功率因数问题。对中小功率的 LED,其电源电路结构是隔离式单端反激式变换器。对于大功率的应用,应该使用桥式变换器电路。

4. LED 负载连接方式

在 LED 照明应用中,LED 驱动负载连接取决于多方面的因素,如应用要求、LED 的参数与数量、输入电压、散热、尺寸与布局限制等,在实际应用中,往往需要将多个 LED 按照需求排列组合起来。主要的排列方式有以下几种。

（1）串联 LED

如图 2-4 所示连接,LED 串联方式的显著特点是流过 LED 电流处处相等,虽然 LED 的生产过程存在一致性问题,个体差异较大,尽管加在不同的 LED 两端电压不同,但由于通过每颗 LED 的电流相同,LED 的亮度还是基本一致的。LED 的串联也存在显著的缺点,如果其中一个 LED 开路,那么所有的 LED 都不会工作。

采用 LED 串联的形式要求 LED 驱动器输出相对较高的电压。通常,LED 驱动器输出电压越接近串联中总的前向电压,LED 驱动的效率越高,但串联方式的 LED 要求驱动电路输出的 LED 电压必须大于串联电路中总的 LED 前向电压,这也对系统效率稍有影响。

在串联方式下发生短路时,恒流驱动控制不会出现问题,恒压驱动控制则会停止工作。但是串联情况下发生断路时,恒流控制和恒压控制都会出现问题,这是驱动电路设计时必须注意的问题。当某一颗 LED 因品质不良或其他原因导致短路时,若采用恒压源的驱动方式,那么由于驱动器输出电压不变,分配在剩余的 LED 两端电压必然升高,驱动器输出电流将增大,这可能导致余下的所有 LED 损坏。如采用恒流式 LED 驱动,当某一颗 LED 品质不良短路时,由于驱动器输出电流保持不变,此串联电路中余下的所有 LED 都将正常工作。

当某一颗 LED 因品质不良或其他故障原因出现开路状态时,串联在一起的 LED 会全部不亮。解决此问题的一个简单的办法是在每个 LED 两端加稳压二极管。如图 2-5 所示,并联的稳压二极管击穿电压需要比 LED 的导通电压高,否则 LED 就不亮了,这种解决方案会增加额外的功耗和成本,因此在 LED 的大量应用时不宜采用。

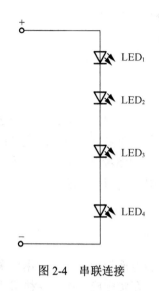

图 2-4　串联连接

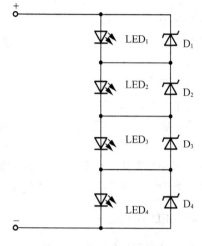

图 2-5　带稳压保护串联连接

（2）并联 LED

如图 2-6 所示连接，LED 并联方式的显著特点是当一个 LED 出现开路状态时不会对其他 LED 的工作造成影响。但是当 LED 的一致性差别较大时，由于并联方式分配在所有 LED 两端电压相同，所以通过每颗 LED 的电流会出现不一致的情况，LED 的亮度也会有明显差异。因此，LED 在并联方式工作时，会导致每个 LED 电流分配不均可能使电流过大的 LED 寿命锐减，甚至烧坏。

在并联方式下当某一个 LED 断路时，如果采用恒压源 LED 驱动，那么驱动电路输出电流将减小，余下的所有 LED 仍然可以正常工作。如果是采用恒流源进行 LED 驱动，由于驱动电路输出电流保持不变，分配给余下的 LED 的电流将会增大，这可能导致剩余的 LED 损坏。解决此问题的办法是尽量多并联 LED，当某一个 LED 断路时，其余 LED 的电流增量并不大，不会过多影响其余 LED 的正常工作。因此，LED 以并联方式连接时，不适合选用恒流源进行驱动。当某一颗 LED 短路时，所有剩余的 LED 都会不工作。但有一种特殊情况，如果并联的 LED 数量较多，通过短路的 LED 电流很大，瞬间的发热量会将短路的 LED 烧成断路，则其余 LED 仍可以工作。当需要单独调整每一个 LED 的电流时，会使用共阳极或共阴极并联的连接方式。如图 2-7 所示连接，可采用恒压多路恒流源驱动，每个恒流源单独给每路 LED 供电。

（3）混连 LED

在需要大量使用 LED 的产品中，如果仅采用 LED 串联的方式，将需要 LED 驱动电路输出较高的电压。如果仅采用 LED 并联的方式，则需要 LED 驱动电路输出较大的电流。将所有 LED 单纯地串联或并联，不仅限制了 LED 的用量，还将导致驱动电路的设计复杂程度提升，成本加大。通常情况下采用混联方式解决这个问题。混联的连接方式是在综合了串联形式和并联形式的各自优点的基础上提出的，主要的形式有两种，先串联后并联和先并联后串联。

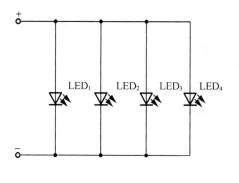

图 2-6 并联连接

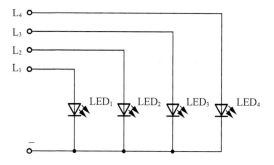

图 2-7 共阴极并联连接

先串联后并联的混连方式如图 2-8 所示，串并联的 LED 数量平均分配，分配在一串 LED 上的电压相同，通过同一串每个 LED 上的电流也基本相同，LED 亮度一致。同时通过每串 LED 的电流也相近。当某一串联 LED 上有一个短路时，不管采用稳压式驱动还是恒流式驱动，这串 LED 相当于少了一个 LED，通过这串 LED 的电流将增大，很容易就会损坏这串 LED。大电流通过损坏的这串 LED 后，由于通过的电流较大，多表现为断路。断开一串 LED 后，如果采用稳压式驱动，驱动器输出电流将减小，而不影响余下所有 LED 正常工作。

如果是采用恒流式 LED 驱动，由于驱动器输出电流保持不变，分配在余下 LED 上的电流将增大，容易导致余下的所有 LED 损坏。解决办法是尽量多并联 LED，当断开某一颗 LED 时，分配在余下 LED 上的电流不大，不至于影响余下的 LED 正常工作。

混联方式另一种接法是先并联后串联，如图 2-9 所示，即是将 LED 平均分配后，分组并联，再将每组串联一起，当有一个 LED 短路时，不管采用稳压式驱动还是恒流式驱动，并联在这一路的 LED 将全部不亮，如果是采用恒流式 LED 驱动，由于驱动器输出电流保持不变，除了并联在短路 LED 的这一并联支路外，其余的 LED 正常工作。假设并联的 LED 数量较多，驱动器的驱动电流较大，通过这个短路的 LED 电流将增大，大电流通过这个短路的 LED 后，很容易就变成断路。由于并联的 LED 较多，断开一颗 LED 的这一并联支路，平均分配电流不大，依然可以正常工作，那么所有 LED 灯仅有一个不亮。如果采用稳压式驱动，LED 短路瞬间，负载端相当于少了一路并联 LED，加在其余 LED 上的电压增高，驱动器输出电流将大大增加，很有可能立刻损坏所有 LED，也有可能只将这个短路的 LED 烧成断路，驱动器输出电流将恢复正常。由于并联的 LED 较多，断开一个 LED 的这一并联支路平均后的电流增量不大，依然可以正常工作，整个 LED 阵列也仅有一个 LED 不亮。

（4）交叉阵列连接

交叉阵列连接方式图 2-10 所示，主要构成形式是每串以 3 个 LED 为一组，共阳或共阴极分别接入驱动器输出 V_1、V_2、V_3 端。当一串中的 3 个 LED 都正常时，3 个 LED

同时发光，一旦其中一个或两个失效开路时，可以保证至少有一个 LED 正常工作。大大提高每组 LED 发光的可靠性，也就能够提高整个 LED 发光的整体可靠性。为了提高可靠性，降低 LED 的故障概率，出现了各种各样的连接设计，交叉阵列形式就是其中一种。交叉阵列形式的电路如图 2-10 所示，每串以 3 个 LED 为一组，其共同输入电流来源于 a、b、c、d、e 串，输出也同样分别连接至 a、b、c、d、e 串，构成交叉连接阵列，这种交叉连接方式的目的是：即使个别 LED 开路或短路，也不会造成发光组件整体失效。

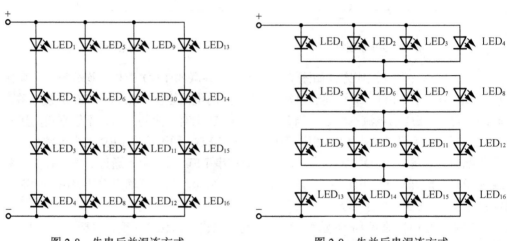

图 2-8　先串后并混连方式　　　　　　图 2-9　先并后串混连方式

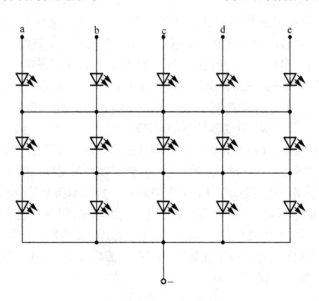

图 2-10　交叉阵列连接

（5）LED 不同连接方式比较

采用不同的 LED 连接方式对于 LED 的使用和对驱动电路的设计要求等都至关重要。正确选择 LED 连接方式对于提高其发光效果、工作可靠性，简化驱动电路设计和加工，以及提高整个电路的效率等都具有积极的意义。表 2-2 列举了 3 种连接方式的优缺点和应用场合。

表 2-2 LED 连接方式特点

连接形式		优 点	缺 点	应用场合
串联	简单串联	电路简单，连接方便；LED 的电流相同，亮度一致	可靠性不高，驱动器输出电压高，不利于其设计和制造	LCD 的背光光源、工频 LED 交流指示灯、应急灯照明
	带旁路串联	电路较简单，可靠性较高；保证 LED 的电流相同，发光亮度一致	元器件数量增加，体积加大。驱动器输出电压高，设计和制造困难	
并联	简单并联	电路简单，连接方便；驱动电压低	可靠性较高，要考虑 LED 的均流问题	手机等 LCD 显示屏的背光源、LED 手电筒、低压应急照明灯
	独立匹配并联	可靠性较高，适用性强，驱动效果好；单个 LED 保护完善	电路复杂，技术要求高，占用体积大，不适用于 LED 数量多的场合	
混联	先并联后串联	可靠性较高，驱动设计制造方便，总体效率较高，适用范围较广	电路连接较为复杂，并联的单个 LED 或 LED 串之间需要解决均流问题	LED 平面照明、大面积 LCD 背光源、LED 装饰照明灯、交通信号灯、汽车指示灯、局部照明
	先串联后并联			
交叉阵列		可靠性高，总体的效率较高，应用范围较广	驱动器设计制造较为复杂，每组并联的 LED 需要均流	

5. 常用 LED 照明驱动电路分类

（1）按电路结构方式分类

1）电阻、电容降压方式：通过电容降压，在闪动使用时，由于充放电的作用，通过 LED 的瞬间电流极大，容易损坏芯片；易受电网电压波动的影响，电源效率低、可靠性低。

2）电阻降压方式：通过电阻降压，受电网电压变化的干扰较大，不容易做成稳压电源，降压电阻要消耗很大部分的能量，所以这种供电方式电源效率很低，而且系统的可靠也较低。

3）常规变压器降压方式：电源体积小、重量偏重、电源效率也很低、一般只有 45%～60%，所以一般很少用，可靠性不高。

4）电子变压器降压方式：电源效率较低，电压范围也不宽，一般 180～240V，波纹干扰大。

5）RCC 降压方式开关电源：稳压范围比较宽、电源效率比较高，一般可以做到70%～80%，应用也较广。由于这种控制方式的振荡频率不连续，开关频率不容易控制，负载电压波纹系数也比较大，异常负载适应性差。

6）PWM 控制方式开关电源：主要由 4 部分组成，输入整流滤波部分、输出整流滤波部分、PWM 稳压控制部分、开关能量转换部分。PWM 开关稳压的基本工作原理就是在输入电压、内部参数及外接负载变化的情况下，控制电路通过被控制信号与基准信号的差值进行闭环反馈，调节主电路开关器件导通的脉冲宽度，使得开关电源的输出电压或电流稳定（即相应稳压电源或恒流电源）。电源效率极高，一般可以做到 80%～90%，输出电压、电流稳定。一般这种电路都有完善的保护措施，属高可靠性电源。

（2）按 LED 供电方式分类

LED 供电主要两种方式提供，一是电池，如干电池、锂电池或蓄电池等；二是交流电，如市电。在恒流源 LED 驱动电源中，直流电源供电要根据 LED 灯珠串负载电压和电流参数大小，选取 DC-DC 变换器，选择需要升压或可以降压输出，经过驱动 IC 后恒流驱动 LED，图 2-11 是直流供电电路结构。交流电源供电和直流供电电路主要不同是在增加了整流电路，将交流电首先变化成直流，经过 DC-DC 变换所需的电压和电流输出，电路结构主要有隔离型和非隔离型两种，其中非隔离型又分为阻容降压和高低压变换恒流两种电路结构。图 2-12 列出了交流供电电路结构。

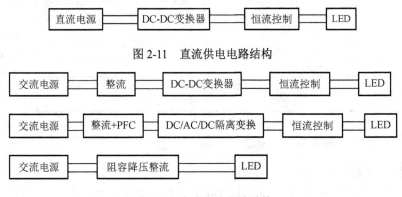

图 2-11　直流供电电路结构

图 2-12　交流供电电路结构

6. DC-DC 变换器电路拓扑结构

DC-DC 是英语直流变直流的缩写，DC-DC 电路是某直流电源转变为不同电压值的电路。DC-DC 变换器拓扑结构主要分为降压型、升压型和升降压型 3 种。

升压变换器：将低电压变换为高电压的电路。

降压变换器：将高电压变换为低电压的电路。

升降压变换器：将输入电压既可变换成高电压输出也可变换成低电压输出电路。

（1）DC-DC 降压变换器（BUCK）

BUCK 是一种输出电压小于输入电压的不隔离直流变换器。典型电路如图 2-13 所示，控制开关和与输入端、输出端、电感 L、LED 负载四者成串联连接的关系，属于串联型开关电源结构。NMOS 开关管交替工作于通/断两种状态，当开关管导通时，输入端电源通过 Q 及电感 L 对负载供电，并同时对电感 L 充电，当开关管导通截止时，电感 L 中的反向自感电动势使续流二极管 D 自动导通，电感 L 中储存的能量通过续流二极管 D 形成的回路，对负载 LED 继续供电，从而保证了负载端获得连续的电流。BUCK 驱动电压一般为 PWM（Pulse Width Modulation 脉宽调制）信号，信号周期为 T_s，则信号频率为

$$f = \frac{1}{T_s}$$

导通时间为 T_{on}，关断时间为 T_{off}，则周期 $T_s = T_{on} + T_{off}$，占空比为

$$D = \frac{T_{on}}{T_{off}}$$

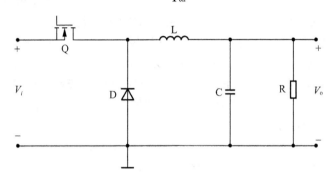

图 2-13　DC-DC 降压变换器

工作过程波形图如图 2-14 所示。开关常采用绝缘栅场效应管（MOSFET），开关效果好，损耗低。

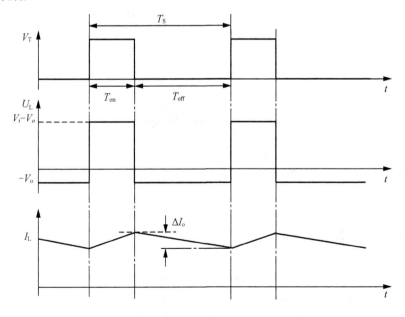

图 2-14　DC-DC 降压变换器工作波形图

降压变换器输出电压为

$$V_o = \frac{V_i}{D} \qquad (V_o < V_i)$$

（2）DC-DC 升压变换器（BOOST）

BOOST 是一种输出电压高于输入电压的不隔离直流变换器。典型电路如图 2-15 所示，相对于输入端而言，开关器件与输出端负载成并联连接的关系。属于并联型开关电源。NMOS 开关管交替工作于通/断两种状态，当 NMOS 开关管导通时，输入端电源通过 Q 对储能电感 L 充电，同时续流二极管 D 关断，负载 LED 靠电容存储的电能供电；当 NMOS 开关管截止时，续流二极管 D 导通，输入端电源电压与电感 L 中的自感电动势正向叠加后，通过续流二极管 D 对负载 LED 供电，并同时对电容器 C 充电。开关管 Q 也为 PWM 控制方式，但最大占空比 D 必须限制，不允许在 D=1 的状态下工作。电感 L 在输入侧，称为升压电感。BOOST 变换器有 CCM（连续导通模式）和 DCM（断续导通模式）两种工作方式，CCM 工作过程波形图如图 2-16 所示。

升压变换器输出电压为

$$V_o = \frac{V_i}{1-D} \qquad (V_o > V_i)$$

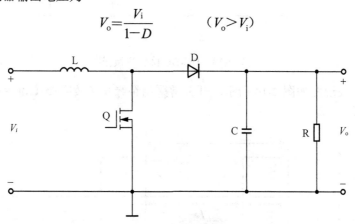

图 2-15　DC-DC 升压变换器

（3）DC-DC 降压-升压变换器（BUCK-BOOST）

BUCK-BOOST 是一种输出电压既可低于也可高于输入电压的不隔离直流变换器，但其输出电压的极性与输入电压相反。BUCK-BOOST 变换器可看做是 BUCK 变换器和 BOOST 变换器串联而成，合并了开关管。典型电路如图 2-17 所示，相对于输入端而言，电感 L 与负载成并联。NMOS 开关管交替工作于通/断两种状态，工作过程与并联式结构相似，当 NMOS 开关管导通时，输入端电源通过 Q 对电感 L 充电，同时续流二极管 D 关断，负载 LED 靠电容存储的电能供电；当 NMOS 开关管截止时，续流二极管 D 导通，电感 L 中的自感电动势通过续流二极管 D 对负载 LED 供电，并同时对电容器 C 充电；由于续流二极管 D 的反向极性，使输出端获得相反极性的电压输出。一般又称为反转式串联开关电源，BUCK-BOOST 变换器也有 CCM 和 DCM 两种工作方式，开关管

Q 也为 PWM 控制方式。CCM 工作过程波形图如图 2-18 所示。

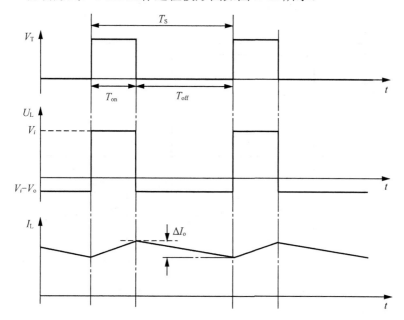

图 2-16　DC-DC 升压变换器工作波形图

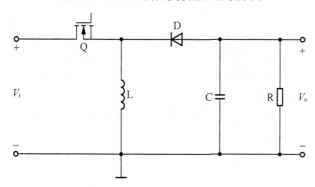

图 2-17　DC-DC 降压-升压变换器

降压-升压变换器输出电压为

$$V_o = -\frac{D}{1-D} \times V_i, \qquad (V_o < V_i) \text{ 或 } (V_o > V_i)$$

7. 交流供电电路拓扑结构

目前 LED 大多数是交流电供电，特别是采用市电供电模式，一般 LED 要求在直流低压下工作，因此在采用市电供电模式下，需要通过适当的电路拓扑结构将其转换为符合 LED 工作要求的直流电源。交流供电模式电路拓扑结构可分为隔离型和非隔离型两种。

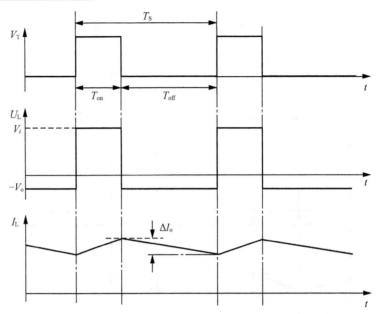

图 2-18　DC-DC 降压-升压变换器工作波形

（1）隔离型

隔离是型指输出端和输入端有隔离变压器，输出端处在冷地模式，安全性好。主流 LED 隔离驱动采用脉宽调制（PWM）稳压器用于控制电源转换。电路中通常加入了变压器的隔离型 AC-DC 电源转换，常见有反激式、正激式及半桥振荡等拓扑结构，参见图 2-19～图 2-21。其中反激式开关电源多用于功率较小的场合或是多路输出的场合，是功率小于 30W 的中低功率应用的标准选择，正激式变换器不蓄积能量而是耦合传输，适合于 100W 以上大功率选择，而半桥振荡结构则最适合于提供更高能效/功率密度。就隔离结构中的变压器而言，其尺寸的大小与开关频率有关，且多数隔离型 LED 驱动器基本上采用"电子"变压器。

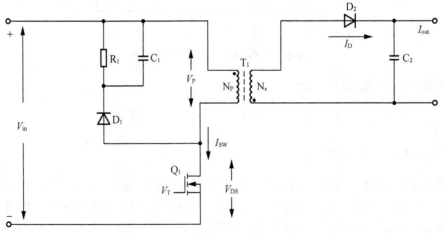

图 2-19　反激式拓扑结构电路

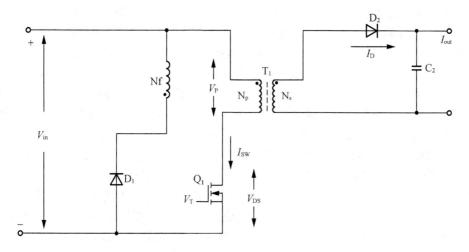

图 2-20 正激式拓扑结构电路

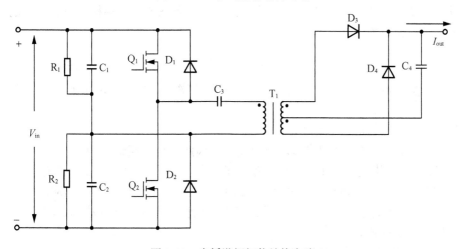

图 2-21 半桥谐振拓扑结构电路

反激式拓扑结构电路工作原理如下。

图 2-19 所示反激式拓扑结构俗称单端反激式 DC-DC 变换器,是基于基本降压/升压拓扑结构的转换器,其开关波形如图 2-22 所示。反激式拓扑电路结构中,功率开关(Q_1)与变压器(T_1)原边绕组串联。变压器用来存储开关导通时的能量并提供输入电压源 V_{in} 和输出电压 V_{out} 之间的隔离。稳态运行时,开关导通时间为 T_{on},绕组同名端相对于非同名端的电压极性为正。在 T_{on} 期间,二极管 D_2 变为反向偏置而变压器可看作一个电感。电感值等于变压器原边励磁电感 L_M,储存来自输入电压源 V_{in} 的磁能。因此,变压器原边电流(励磁电流 I_M)从其初始值 I_1 线性上升到 I_{PK},如图 2-22(c)所示。当二极管 D_2 变为反向偏置时,负载电流(I_{out})由输出电容(C_2)提供。输出电容值应足够大,这样才可保证在 T_{on} 时间内提供相应的负载电流,同时使输出电压跌落的程度为所规定

的最大值。在 T_{on} 的末期，当功率开关关断，变压器励磁电流将继续保持原有方向。励磁电流将在变压器同名端和非同名端之间感应负电压。二极管 D_2 变为正向偏置并将变压器副边绕组电压钳制为输出电压。变压器原边绕组中的储能通过反激作用传递到副边。这一储能将向负载提供能量并对输出电容进行充电。由于变压器中的励磁电流不能在开关关断瞬间进行充电，原边电流传递到副边，而副边电流的幅值为原边电流和变压器匝数比 N_2/N_1 的乘积。在导通期间的末期，开关将关断，此时反激变压器磁芯的漏能将没有电流通路进行耗散。有许多方法可耗散这一漏能。图 2-19 中的方法是使用由 D_1、R_1 和 C_1 构成的缓冲电路。采用这一方法时，磁芯中的漏磁通将在原边绕组的非同名端感应出正向电压。这将使得二极管 D_1 正向偏置并提供磁芯中漏感储能的续流通路以及将原边绕组电压钳制为一个安全值。在这一过程中，C_1 将被充电直至比折回副边反激电压稍高，这一电压又称反激超调电压。多余的反激能量将在电阻 R_1 中耗散。稳态时，如果所有其他条件仍保持不变，钳位电压将直接与 R_1 成比例。反激超调将提供其余强制电压以在反激作用时驱动电流至副边漏电感。这将导致变压器副边电流快速增加，从而提升反激变压器的效率。图 2-22 给出了反激变压器在连续导通模式下工作时的波形。

反激励变压器输出电压为

$$V_o = \frac{nV_i}{1-D} \times D$$

式中：V_i 为变压器初级线圈输入电压；D 为控制开关的占空比；n 为变压器次级线圈与初级线圈的匝数比。

反激式拓扑结构的优点如下。

1）电路简单，能高效提供多路直流输出，因此适合多组输出的要求。

2）反激式拓扑电路输出电压受占空比的调制幅度，相对于正激式开关电源要高很多，它非常适合于输出电压高达 400V 而输出功率为较低的 15～30W 的应用场合。

3）反激拓扑电路未使用输出电感和续流二极管，这样节省了成本、减小了体积和反激变压器中的损耗。

4）反激式变压器不需要加磁复位绕组。

5）输入电压在很大的范围内波动时，仍可有较稳定的输出，目前已可实现交流输入为 85～265V，无须切换而达到稳定输出的要求。

反激式拓扑结构的缺点如下。

1）反激式开关电源的电压和电流的输出特性要比正激式开关电源的差。输出电压中存在较大的纹波，负载调整精度不高，因此输出功率受到限制，通常应用于 150W 以下。

2）反激式开关电源的瞬态控制特性相对来说比较差。当负载电流出现变化时，开关电源不能立即对输出电压或电流产生反应，而需要等到下一个周期，通过输出电压取样和调宽控制电路的作用，开关电源才开始对已经过去了的事情进行反应，即改变占空比。

3）反激式开关电源变压器初级和次级线圈的漏感都比较大，开关电源变压器的工作效率低。

4）转换变压器在电流连续（CCM）模式下工作时，有较大的直流分量，易导致磁芯饱和，所以必须在磁路中加入气隙，从而造成变压器体积变大。

5）变压器有直流电流成分，且同时会工作于 CCM/DCM 两种模式，故变压器在设计时较困难，反复调整次数较顺向式多，迭代过程较复杂。

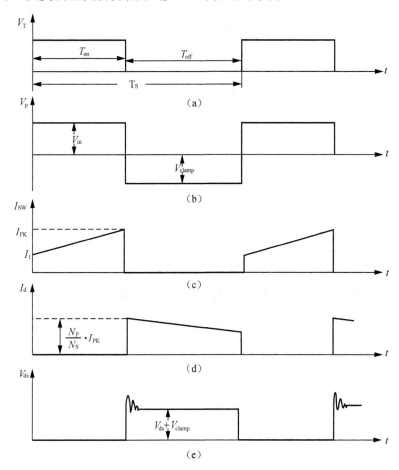

图 2-22　反激式拓扑电路工作过程波形图

（2）非隔离型

非隔离型是指输出端和输入端有直接连接，输出端处在热地模式，触摸有触电危险。主要有电容降压和高压芯片恒流电路结构。

1）电容降压。电容降压简易电源的基本电路如图 2-23 所示。C_1 为降压电容器，同时具有限流作用，D_Z 是稳压二极管，R_1 为关断电源后 C_1 的电荷泄放电阻。

通过 C_1 的电流 I_{C_1} 为

$$I_{C_1} = \frac{V_{AC}}{2\pi f C_1}$$

在交流 220V，50Hz 供电条件下，$I_{C_1} = 69C_1$。

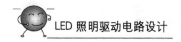

电容降压电路的优点是体积小、成本低，缺点是带负载能力有限，效率不高，输出电压随电网波动而变化，使 LED 亮度不稳定，所以只能应用于对 LED 亮度及精度要求不高的场合。

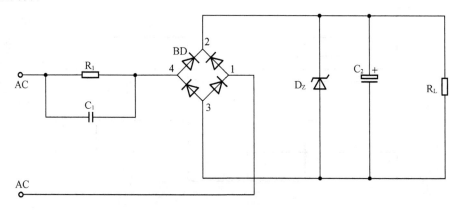

图 2-23　电容降压驱动电路

2）高压芯片非隔离型恒流电路。图 2-24 所示是常见的以高压芯片设计的非隔离型恒流驱动电路，AL9910 芯片输入工作电压最高达 500V。图 2-24 是典型的降压式拓扑结构驱动电源，R_1 是 LED 电流取样电阻，L_1 是存能电感器，D_1 是续流二极管，C_3 滤波电容。AL9910 芯片内部设定一个电流阀值，当 MOS 导通，此时电感的电流是线性上升的，当上升到一定值的时候，达到这个阀值，就关断电流，下一周期再由触发电路触发MOS 导通。图 2-25 所示是电感电流 I_L 波形图。

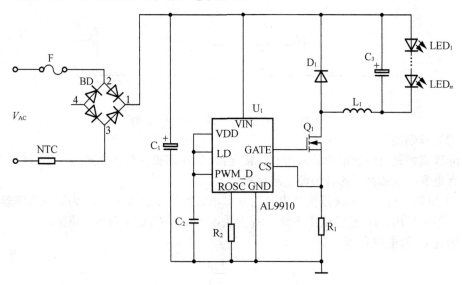

图 2-24　AL9910 高压恒流应用电路

高压芯片非隔离型恒流电路特点：电路简单，所需元器件少，但恒流精度不高，一旦失控，会烧毁 LED 灯串。

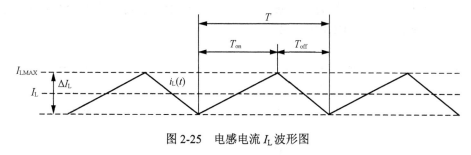

图 2-25　电感电流 I_L 波形图

知识 2　LED 照明驱动电路设计指南

1. LED 照明驱动电路拓扑结构选择

选择 LED 照明驱动电路拓扑结构需要考虑因素较多，比如电路设计参数要包括输入电压范围、驱动的 LED 数量、LED 电流、隔离、EMI 抑制以及效率等，同时还要考虑驱动电源成本、LED 灯具结构等因素。在电路选择上较简单是采用阻容降压或线性稳压器直接驱动 LED，但此类方法恒流效果差，功耗高等，在性能和可靠性要求较高情况下已经不再选择使用了。大多数的 LED 驱动电路采用 PWM 控制恒流输出拓扑类型，常见的有降压型、升压型、降压–升压型和反激式拓扑等几种电路拓扑结构。表 2-3 列出了的 LED 照明驱动电路拓扑结构选择方案。

表 2-3　LED 照明驱动电路拓扑结构选择方案

拓扑结构	输入电压总大于输出电压	输入电压总小于输出电压	输入电压<输出电压和输入电压>输出电压	隔离式
降压拓扑	√			
升压拓扑		√		
降压-升压拓扑			√	
反激励拓扑			√	√

图 2-26 列出了两种降压式拓扑结构电路方案，其中拓扑结构图 2-26（a）设计难点在于如何驱动 MOSFET。推荐使用浮动栅极驱动的 N 通道的 FET，这需要一个驱动变压器或浮动驱动电路产生维持内部电压高于输入电压的驱动电压。R_1 作为负载电流取样电阻和 LED 串联，产生反馈电压去控制 MOSFET 开区时间达到控制 LED 电流目的。图 2-26（b）拓扑电路中的 MOSFET 对地进行驱动，不需要产生高于输入电压的驱动电压，从而大大降低了驱动电路的设计难度，负载电流取样电压需要从和 MOSFET 串联的电阻 R_1 得到，需要设计一个电平移位电路产生反馈驱动信号控制 MOSFET 开启时间达到控制 LED 电流目的。

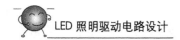

LED 照明驱动电路设计

图 2-27 所示是升压式拓扑结构电路。由于 MOSFET 对接地进行驱动并且电流取样电阻也采用接地参考，因此此类拓扑设计起来就很容易。该电路的一个不足之处是在短路期间，通过电感器的电流会无法限制。可以通过保险丝形式来增加故障保护。此外，某些更为复杂的拓扑也可提供此类保护。

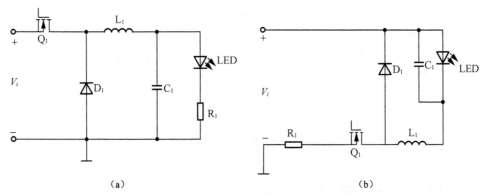

(a)　　　　　　　　　　　　　　　(b)

图 2-26　降压式拓扑结构电路

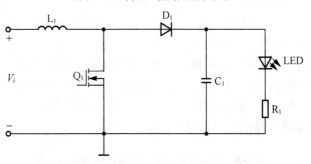

图 2-27　升压式拓扑结构电路

图 2-28 显示了两款降压-升压型电路，该电路可在输入电压和输出电压相比时高时低时使用。两者具有相同的折中特性（其中折中可在有关电流感应电阻和栅极驱动位置的两个降压型拓扑中显现）。图 2-28（a）的降压-升压型拓扑显示了一个接地参考的栅极驱动。它需要一个电平移位的电流取样信号。

出于安全考虑，可能规定在离线电压和输出电压之间使用隔离。在此应用中，最具性价比的解决方案是反激式变换器（请参见图 2-16）。它要求所有隔离拓扑的组件数最少。变压器匝比可设计为降压、升压或降压-升压输出电压，这样就提供了极大的设计灵活性。但其缺点是电源变压器通常为定制组件。此外，在 FET 以及输入和输出电容器中存在很高的组件应力。在稳定照明应用中，可通过使用一个"慢速"反馈控制环路（可调节与输入电压同相的 LED 电流）来实现功率因数校正（PFC）功能。通过调节所需的平均 LED 电流以及与输入电压同相的输入电流，即可获得较高的功率因数。

2. LED 驱动 IC 芯片选取

LED 恒流驱动 IC 芯片主要分为升压型、降压型和升降压型（SEPIC）。这些里面还可以分成很多不同的型号。选择不同类型芯片的原则如下。

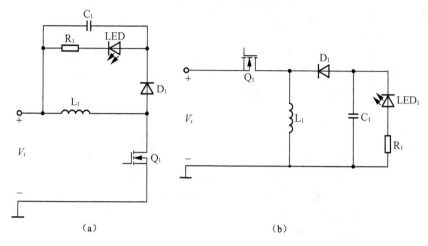

图 2-28　降压-升压式拓扑结构电路

（1）LED 功率的大小

在选用恒流驱动芯片时，首先要选择具有足够的输出功率的芯片，能够驱动所要求的 LED 功率。也就是驱动芯片的输出电压应当满足所串联的 LED 总电压，而其输出电流应当能够满足所驱动的 LED 总电流。

（2）预计驱动电流值

预计驱动电流是选择驱动 IC 的重要条件之一，在选择 IC 预留一定的余量，特别是内置 MOSFET 的 IC，一般选择在最大驱动的 70%左右。结合驱动压差、电流、效率，计算出 IC 最大功耗，查表找到即将使用的 IC 封装所可以承受的热量，选择驱动芯片的封装应有利于驱动芯片管芯的快速散热。

（3）LED 负载情况

LED 的连接通常可以是串联或串并联，串联的数目越多，所需的驱动芯片数目就越少。LED 数量是根据照明功率要求和选用灯珠功率计算出来的，如 9WLED 日光灯，若选用 3014 灯珠，单颗灯珠功率为 0.1W，LED 的 V_F 为 3.0～3.4V，I_F 为 30mA，则需要 90 颗 3014 灯珠。可采用先串后并连接方式，如 15 串 6 并方式。单串驱动电流为 30mA，总电流为 180mA，负载工作电压为 45～51V，在选择驱动 IC 时负载输出电压符合 45～51V 要求。LED 照明驱动电路设计要按需要驱动的 LED 数量定义串并接方式，在小功率 20mA 以下要求不是很高的情况下并联是可以接受的。大于 100mA 的 LED 不建议并联设计。串接 LED 的 V_F 值总和是选择 IC 需要驱动的负载电压，负载电压应是在一定的范围中，主要是应对 LED 不同的 V_F 值带来的负载电压不同。

（4）允许的供电电压范围

一般 IC 只能适应一定的电压范围，在一定的电压范围变化时会影响到 LED 负载电流，在选择驱动芯片时务必注意是低压芯片还是高压芯片。输入电压结合输出 LED 驱动电压值，确定驱动线路是降压、升降压还是升压驱动方式。要仔细了解 IC 是否支持上述工作方式，要认真阅读 IC 规格书。

（5）其他特殊要求

特殊要求一般指：工作效率、工作频率、工作环境、PFC、保护功能、封装等问题。在此特别注意工作效率是有条件的，规格书标称一般是在最理想的情况下得到的数据，在实际设计中受条件限制不一定有这么高。

3. LED 照明驱动电路 EMI 滤波器设计

电磁干扰（ElectroMagnetic Interference，EMI），是指电磁波与电子元件作用后而产生的干扰现象，有传导干扰和辐射干扰两种。EMI 超标的电子设备不但工作不稳定，还会影响其他电子设备，辐射型 EMI 甚至会影响人体。由于电源是为其他设备供电的，EMI 在电源设计上尤为重要。当电源搭载 LED 驱动电路的时候，EMI 会严重影响驱动电路的正常工作，比如芯片的误动作，输出波形的完整。

EMI 电源滤波器是一种由无源元件构成的低通滤波网络。图 2-29 所示是 EMI 基本电路。EMI 滤波器主要由共模电感 L，差模电感，X 电容 C_{X1}、C_{X2} 和 Y 电容 C_{Y1}、C_{Y2} 组成，其中共模电感和 Y 电容共同构成 LC 两阶低通滤波器，主要用来抑制共模噪声，对差模噪音的抑制和滤除，是由差模电感和 X 电容来完成的。EMI 滤波器对输入 50～400Hz 的交流电不衰减，却大大衰减通过电源线传输的 EMI 信号，保护设备免受其害。同时，它又能抑制设备本身产生的 EMI 信号，防止它进入电网，污染电磁环境，危害其他设备。电源 EMI 滤波器是电子设备满足有关电磁兼容标准的行之有效的器件。为了更好滤除噪声的干扰，EMI 滤波器采用两级电路。

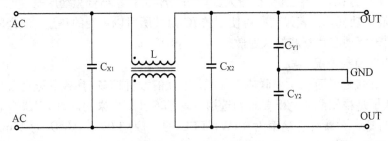

图 2-29　EMI 滤波器基本电路

共模线圈两个绕组分别同方向绕在低损耗、高导磁率的铁氧体磁环上，当有电流通过时，两个线圈上的磁场就会互相加强。L 的电感量与 EMI 滤波器的额定电流 I 有关，参见表 2-4。此外，适当增加电感量，可改善低频衰减特性。X 电容一般采用薄膜电容器，容量范围大致是 0.01～0.47μF。Y 电容亦可并联在输入端，选用陶瓷电容，容量范围是 2200pF～0.1μF。为减小漏电流，电容量不得超过 0.1μF。X 和 Y 电容耐压值应不低于直流 360V，交流 250V 要求。两级复合式 EMI 滤波器的内部电路，由于采用两级（亦称两节）滤波，因此滤除噪声的效果更佳。针对某些用户现场存在重复频率为几千赫兹的快速瞬态群脉冲干扰的问题，国内外还开发出群脉冲滤波器（亦称群脉冲对抗器），能对上述干扰起到抑制作用。

表 2-4 共模线圈取值

额定电流/A	1	3	6	10	12
电感值范围/mH	8～23	2～4	0.4～0.8	0.2～0.3	0.1～0.15

为了减小体积、降低成本，LED 驱动电源一般采用简易单级 EMI 滤波器，如图 2-30 所示。图 2-30（a）与图 2-30（b）中的电容器 C 能滤除串模干扰，区别仅是图 2-30（a）将 C 接在输入端，图 2-30（b）则接到输出端。

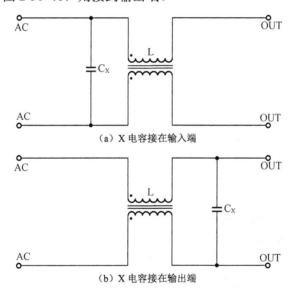

（a）X 电容接在输入端

（b）X 电容接在输出端

图 2-30 简易 EMI 滤波器电路

4. 电感器设计

电感的主要功能为稳定电流与去除噪声，电感的上游主要是以镍锌与锰锌铁氧体磁芯两大系列为主，因材料特性不同，分别应用于信息和通信产品上。铁氧体磁芯是以高温烧成的金属氧化物，主要作为高频线圈及变压器等产品之磁芯。当电流流经时，电感的温度会上升，交流纹波会导致磁芯损耗，而直流电流会导致感应系数下降，所以在设计电感参数时应从减小纹波和保持一定的快速性两个方面考虑。

在升压、降压或者升降压拓扑结构的 LED 恒流源中，为保持严格的滞环电流控制，电感必须足够大，以保证在电感期间，能向负载供应能量，避免负载电流显著下降，

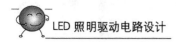

导致平均电流跌到期望值以下。但是，如果电感量过大，会使滤波器的电磁时间常数变得很大，使得输出电压对占空比变化的响应速度变慢，从而影响整个系统的快速性。电感量越大说明相应的匝数也会增多，磁芯的体积就要大一些，从而导致电感体积增大。以图 2-31 所示典型的 BUCK 变换器电路为例说明储能电感的设计方法。

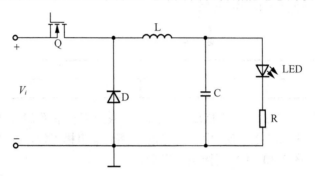

图 2-31　典型 BUCK 变换器电路

电感参数计算和磁芯材料如下。

1）计算电路中开关的周期 T 为

$$T = \frac{1}{f}$$

式中：f 是开关管 Q 开关频率。

2）计算电路中开关的最小占空比 D_{min} 为

$$D_{min} = \frac{V_o}{V_{inmax}}$$

式中：V_o 是输出电压，V_{inmax} 是输入最小电压。

3）计算开关导通时间 T_{on} 为

$$T_{on} = T \times D_{min}$$

4）计算电感的纹波电流 ΔI，一般不超过最大输出电流的 30%，即

$$\Delta I = 0.3 I_{omax}$$

5）计算电感两端的电压 V_L 为

$$V_L = V_{inmax} - V_{out} - V_D$$

式中：V_D 是续流二极管的正向导通压降。

6）计算最小的电感量 L_{min} 为

$$L_{min} = \frac{V_L \times T_{on}}{\Delta I}$$

7）计算考虑电感误差有 20%的偏差以及在额定电流下会有 10%～35%降幅，确定电感值 L 为

$$L \geqslant \frac{L_{min}}{0.52}$$

8）计算电感峰值电流 I_{PK} 为

$$I_{PK} = I_{o\ max} \times \frac{\Delta I}{2}$$

此外，电感量最小值也可以用如下公式计算：

$$L \geqslant \frac{V_{inmax} \times D_{max} \times (1 - D_{max})}{2kfI_{omax}}$$

式中：$k = 0.05 \sim 0.1$，f 是开关管 Q 开关频率，I_{omax} 是输出最大电流。

电感的结构包括磁芯的尺寸、材料、绕组的匝数、导线的直径等内容。电感量越大说明相应的匝数也会增多，磁芯的体积就要大一些；电流越大，说明采用的导线就越粗，也要求磁芯的体积增大。采用高导磁率的材料，同样的情况可以得到更大的 B，磁芯的尺寸就会减小。根据最大峰值电流 I_{PK}，磁芯有效面积 A_e 以及最大磁通密度 B_{max}，可以确定输出电感线圈匝数为

$$N_P = \frac{L_o \times I_{PK}}{A_e \times B_{max}}$$

为了获得最佳的效率，应选用铁氧体磁芯电感器，应选择一个能够在不引起饱和的情况下处理必需的峰值电流的电感器，确保该电感铜线低的 DCR（铜线电阻），以便减小功耗。切记电感铜线绝缘层耐不了 160℃ 或长时间高温环境，SMT 有时也会产生影响，会使得电感感值发生严重变化，要仔细了解供应商产品温度忍耐限度要求。

5. 输入电容器的选择

一般在驱动 IC 输入设置一个电容，主要是解决线路开关频率对供电部分的 EMI 问题。陶瓷电容器小尺寸和低阻抗（低的等效串联电阻或 ESR）特征而成为优选方案。低的 ESR 产生了非常低的电压纹波，与数值相同的其他电容器类型相比，陶瓷电容器能够处理更大的波纹电流。应选用 X5R 或 X7R 型介质陶瓷电容器。可以选用参考值多于 1/3 容值的电解电容器代替，但是体积和寿命等因数并不是很合适与 LED 匹配。钽电容会因浪涌电流过大易出现故障，也不建议在此使用。

6. 输出电容器件选择

输出可同时使用输出电容以达到目标频率和电流的精确控制，应用设计在输出端上采用低 ESR（等效串联电阻）陶瓷电容器，以最大限度地减小输出波纹。采用 X5R 或 X7R 型材料电介质，这是与其他电介质相比，这些材料能在较宽的电压和温度范围内维持其容量不变，对于大多数高的电流设计，采用一个 $4.7 \sim 10\mu F$ 输出电容就足够了。具有较低输出电流的转换器只需要采用一个 $1 \sim 2.2\mu F$ 的输出电容器。

降压式拓扑结构恒流源输出电容为

$$C = \frac{U_o(1-D)}{8Lf^2\Delta U}$$

式中：ΔU 为输出允许的最大纹波。

7. 肖特基二极管选择

通常开关转换型 LED 恒流驱动 IC 在 MOSFET 管关断期间传送电流，所选择二极管反向耐压要针对线路最高输出电压脉冲值来确定。升压型转换器中的输出二极管在开关管关断期间流过电流，二极管要承受反向电压等于稳压器输出电压。正常的工作电流等于负载电流，峰值电流等于电感峰值电流。耐压不是越高越好，是要合适，高耐压肖特基二极管 V_F 值也会高些，功耗会大，价格也会高。相对耐压大电流的型号 V_F 值会低些，成本也会稍有增加，没有成本压力可以考虑。

知识 3　LED 驱动电路设计注意事项

1. 避免使用双极型功率器件

双极型功率器件受环境工作温度影响加大，随着 LED 驱动电路板温度的上升，双极型器件的有效工作范围会大大缩小，导致 LED 驱动电流不稳定，从而影响 LED 灯具的可靠性，缩短 LED 使用寿命，正确的做法是要选用 MOSFET 器件，MOSFET 器件的可靠性和使用寿命要远远优于双极型器件。在电路设计时尽可能选用集成了 MOSFET 的 LED 驱动器产品，集成 MOSFET 的导通电阻小，产生的热量低，一般都有过热关断功能，达到保护 LED 灯具的目的。

2. 选择合适的 MOSFET 的耐压值

耐压高低是 MOSFET 价格的重要因素，在 LED 驱动电源设计中，为了降低成本采用耐压值较低的 MOSFET 得不偿失。比如，交流供电的 LED 照明驱动电路很多人认为采用耐压 600V 足够了，但是 MOSFET 工作电压很多时候达到峰值 340V，在有浪涌的时候，600V 的 MOSFET 很容易被击穿，从而影响了 LED 灯具的寿命。因此，选择合适的 MOSFET 耐压值非常重要，直接影响 LED 灯具可靠性和寿命。

3. 电解电容使用问题

一般情况下，电容的寿命随温度的升高而缩短，最明显的是电解电容器，电解电容工作温度每升高 10℃，寿命减少一半。一般电解电容在常温下寿命都超过 10 万小时以上，由于 LED 灯具的温度极难控制，在工作温度超过 85℃时电解电容寿命急速缩短，极限温度达到 105℃时还不到 2000 小时，严重影响了 LED 灯具的寿命。但电解电容具有容量大，控制纹波效果好，价格低廉等优点，在电路设计中还广泛应用。综合以上因素，在 LED 照明驱动电路设计中，电路输入部分可以考虑不用电解电容，在输出电路中，可以用高耐压陶瓷电容来代替电解电容从而提升可靠性。而在 LED 灯具设计散热效果较好情况下，

LED 照明驱动电路设计中可适当选用寿命长的电解电容，降低电源成本。

4．尽量使用单级架构电路

传统 LED 照明驱动电路设计采用"PFC（功率因数校正）＋隔离 DC-DC 变换器"的二级架构，这样的设计会降低电路的效率。例如，如果 PFC 的效率是 95%，而 DC-DC 部分的效率是 85%，则整个电路的效率会降低到 80.75%。因此，两级电路架构严重影响了电源效率，在驱动电路设计中尽可能采用单级变换器结构提高电源效率，如美国 PI 公司的 LinkSwitch-PH 系列单级、初级侧控制 LED 驱动器 IC 具有>90%的效率和>0.9 的功率因数。创新拓扑结构可省去不可靠的大容量电解电容和光隔离器，使该器件特别适合于要求高可靠性的工业、商业及户外固态照明（SSL）应用。

知识 4　LED 驱动芯片典型产品介绍

LED 驱动芯片生产厂家比较多，国外 LED 驱动芯片主要集中在美国，主要生产厂家有安森美半导体、美国德州仪器公司、美国美信集成产品公司、美国国家半导体公司等公司。我国 LED 驱动芯片生产厂家主要有台湾点晶、杭州士兰微等公司。LED 驱动芯片典型产品参见表 2-5。

表 2-5　LED 驱动芯片典型产品性能一览表

生产厂家	产品型号	主要性能
台湾点晶科技股份有限公司	DD311	单通道大电流（1A）驱动，耐压 36V，集成度高外挂组件少，恒流一致性及稳定性极高，使能端可控制输出开关，频率达 1MHz，实现高色阶变色应用
	DD331	四通道输出，I_{out}＝5～30mA，V_{out}（max）＝18V，外置 MOS 管，适应于更大范围的电流应用
	DM412	3 输出通道恒流驱动 IC，I_{out}＝5～200mA，支持长串接应用，内建缓冲，信号推力强。数据，时钟，锁存皆可串行输出入，亦可设定自动锁存
	DD211	2 倍升压驱动芯片，低电压驱动：2.0～3.3V，最大输出电流：100mA
	DD233	4 输出通道，恒流驱动：5～30mA，具使能端可控制 LED 通断
杭州士兰微电子股份有限公司	SD42524	降压结构，输入电压 6～36V 最大输出 1A，恒流精度±1.5%效率 96% 支持 PWM 和模拟调光
	SD42560	升-降压结构，输入电压 6～36V，最大输出 1.2A，恒流精度±3%，效率 96%，支持 PWM 调光
	SD42565	降压结构，输入电压 10～80V 外置功率管，恒流精度±3%，支持 PWM 和模拟调光
	SD6857	18W，恒流精度±3%，效率>85%，功率因素>0.95，隔离型，PSR＋PFC 控制
	SD6900	30W，恒流精度±1.5%，效率>90%，功率因素>0.9，非隔离型，PFC 控制
上海晶丰明源半导体有限公司	BP2808	85～265VAC 输入 LED 降压型恒流驱动芯片，效率 92%，恒流精度±3%
	BP1360	30V/600mA 高调光比 LED 降压型恒流驱动芯片。效率 83%，恒流精度±3%
	BP1601	4.5～24VDC 输入升压型 LED 的恒流驱动芯片，效率 90%，恒流精度±3%

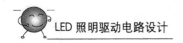

续表

生产厂家	产品型号	主要性能
深圳华芯邦科技有限公司	H018	有源 PFC 非隔离降压型 LED 驱动器，全电压交流输入（85～265VAC），内部集成 500V 功率 MOSFET，输出可高达 18W
	HT2576	降压结构，输入 5～40V，输出电压 3.3～5V，最大输出电流 3A，效率最大为 88%
	HT9833S	非隔离降压型 LED 恒流驱动芯片，全电压交流输入（85～265VAC），内部集成 500V 功率 MOSFET，输出可高达 30W，恒流精度±5%
	HT9261	DC-DC 升压变换器，输入电压 0.8～6V，输出 2.7～5.0V 不等，最大输出电流 300mA，效率 85%。恒压精度±2.5%
台湾聚积科技公司	MBI1801	1 路恒流驱动 1.2A 电流可设定 PWM 信号灰度调节
	MBI1816	16 路恒流驱动电流可设定 PWM 信号灰度调节
	MBI5025	16 位最大 45mA LED 屏幕、护栏灯管恒流驱动 IC
	MBI6010	3 位级联式 LED 灯饰屏幕，R/G/B 单独电流可设置恒流驱动 IC
美国安森美半导体	NCP5007	小型小体 2.7～5.5V 升压驱动多颗 LED，小屏背光及背光指示等应用
	NCP5612	2 通道泵式可 PWM 的白色 LED 驱动产品是 LCD 屏背光照明
	NCP5623	带 I²C 控制的三路输出 RGB LED 驱动器，完全支持 RGB 照明或白光 LED 背光，内置"渐进调光"功能，能效高达 94%的电荷泵
	NCP3065	输出 1.5 A，输入电压 3.0V～40 V，PWM 灰度调节，为汽车应用设计
美国凌特公司	LT3496	真实彩色 PWMTM 灰度调节 3000：1，3 通道 8 颗 LED 500mA
	LT3475	恒定彩色和 3000：1 的调光范围 宽输入范围，4～36V 工作电压，最大值为 40V LED 电流的准确和可调控制 （50mA 至 1.5A）
	LT3478	4.5A 单通道 PWM 灰度调节升压 700mA-15W 驱动 IC
	LT3486	双 1.3A 白光 LED 升压型转换器可驱动 16 个 100mA LED 及具有 1000：1 调光比
美国美信集成产品公司	MAX8595Z	高效率，2.6～5.5V 升压型 32V，25mA，2～8 颗 LED 驱动应用
	MAX16800	高电压 6.5～40V 驱动 35～350mA 多颗 LED 应用驱动 IC
	MAX16822	6.5～65V 输入电压驱动 1～15 个 350mA 恒流驱动器
	MAX16818	1.5 MHz，30A 高效率 LED 恒流驱动
美国德州仪器公司	TPS61042	输入 1.8～6V 输出 30V 500mA 开关升压转换器，用于白光 LED
	TPS61080	具有集成功率二极管的 27V、500mA 开关、1.2MHz 升压转换器
	TPS61180	5～24V 输入多路 25mA，最大 10W LED 背光驱动 IC
	TPS61059	具有 1.5A 开关的高功率单个白光 LED 驱动器

任务实施

任务 1　DC-DC 变换器电路仿真训练

1. 任务描述

Multisim 是美国国家仪器（NI）有限公司推出的以 Windows 为基础的仿真工具，适用于板级的模拟/数字电路板的设计工作。它包含了电路原理图的图形输入、电路硬件描述语言输入方式，具有丰富的仿真分析能力。NI Multisim 软件结合了直观的捕捉和功能强大的仿真，能够快速、轻松、高效地对电路进行设计和验证。凭借 NI Multisim，可以立即创建具有完整组件库的电路图，并利用工业标准 SPICE 模拟器模仿电路行为。借助专业的高级 SPICE 分析和虚拟仪器，能在设计流程中提早对电路设计进行迅速验证，从而缩短建模循环。

利用 Multisim 建立的仿真模型如图 2-32 所示，图中 Q_1 全控型开关器件，D 是快恢复二极管，XFG_1 为频率和占空比都可调的函数发生器，用于产生驱动开关器件 Q_1 所需的脉冲信号，XSC_1 为虚拟示波器，可以和真实的示波器一样，实时观测负载电压波形。各参数设置为输入电压 $V_1=3V$，$R=50\Omega$，$L=520\mu H$，$C=4.7\mu F$。XFC_1 产生脉冲控制信号，$D=50\%$，改变开关频率 f，电感 L 的值输出电压波形的影响。

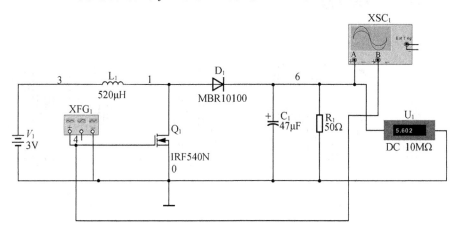

图 2-32　BOOST 电路仿真模型

2. 占空比 D 对输出电压影响

分别取 $D=10\%$，$D=20\%$，$D=30\%$，$D=40\%$，$D=50\%$，$D=60\%$，$D=70\%$，$D=80\%$，$D=90\%$，开关 $f=100kHz$。利用虚拟示波器观察其仿真的输出电压波形，用数字电压表测量输出电压，并填入表 2-6 中，试分析输出电压和输入电压关系。

表 2-6　BOOST 电路输出电压-输入电压仿真测试

占空比 $D/\%$	输入电压/V	输出电压/V	输入电压/V	输出电压/V
10	3		5	
20	3		5	
30	3		5	
40	3		5	
50	3		5	

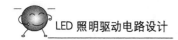
续表

占空比 D/%	输入电压/V	输出电压/V	输入电压/V	输出电压/V
60	3		5	
70	3		5	
80	3		5	
90	3		5	

3. 电感对输出电压波形的影响

分别取 $L_1=52\mu H$，$L_2=520\mu H$，$L_3=5.2\mu H$，$f=10kHz$。利用虚拟示波器观察其仿真的输出电压波形，用数字电压表测量输出电压。图 2-33 是 $L=520\mu H$ 的开关脉冲波形和输出电压波形仿真参考图。

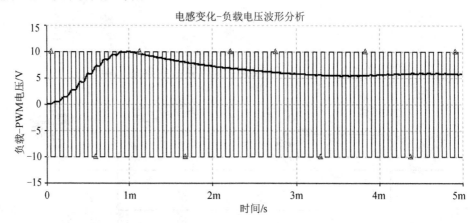

图 2-33　开关脉冲波形和输出电压波形仿真图

4. 开关频率对输出电压波形的影响

分别取 $f_1=1000Hz$，$f_2=10kHz$，$f_3=100kHz$。利用虚拟示波器观察其仿真的输出电压波形，电压表测量输出电压。试分析增大频率后，负载输出电压波形关系。

5. 负载变化对电感电流和输出电压的影响

分别取 $R_1=50\Omega$，$R_2=100\Omega$，$R_3=250\Omega$，$R_4=500\Omega$，开关 $f=10kHz$，用参数扫描分析仿真电感电流在负载变化时电流波形变化。利用虚拟示波器观察其仿真的输出电压波形。试分析此时输出电压和输入电压关系，是否符合理论升压条件。图 2-34 是负载变化-电感电流分析参考图。

在完成 BOOST 电路仿真任务后，可选择对 BUCK 和 BUCK-BOOST 电路仿真。分析输出电压和输入电压变换关系，电感、电容和负载电阻变化对输出电压影响等。

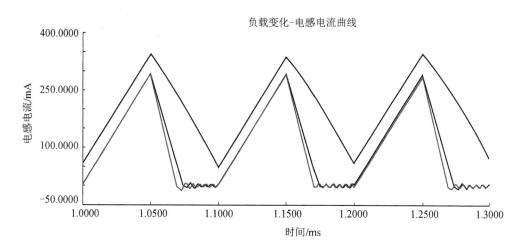

图 2-34　负载变化-电感电流分析仿真图

任务 2　3W LED 射灯驱动电源设计与测试

1. 任务描述

设计一款基于 CL1221 驱动芯片的 2.5WLED 射灯电路，并进行电气性能测试。
设计规格如下。

输入电压：85～264VAC；

输入频率：47～63Hz；

输出电压：10V；

输出电流：250mA。

2. 基于 CL1221 驱动芯片电源设计方案

（1）驱动电路原理图设计

按驱动电源设计规格要求，本电源方案选用芯联半导体有限公司生产的原边控制高精度恒流控制驱动芯片 CL1221 设计，基于驱动芯片 CL1221 非隔离型的驱动电路方案原理图如图 2-35 所示。

CL1221 通过检测 CS 端的峰值电压，控制功率管的开关。变压器峰值电流为

$$I_{PK}=\frac{500}{R_{cs}}(mA)$$

LED 灯的输出电流同变压器峰值电流和匝数比有关，输出电流为

$$I_{LED}=\frac{I_{PK}}{4}\times n$$

式中：n 为变压器原副边匝数比。

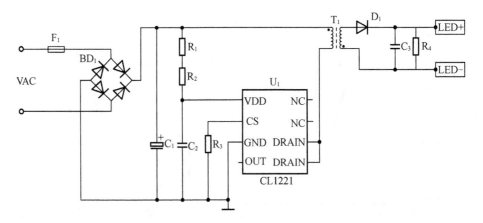

图 2-35　LED 射灯驱动电源原理图

为了更好地保护芯片，防止 PWM 开关管关断瞬间变压器初级绕组产生的尖峰脉冲高压，可在变压器初级绕组端设计增加 RCD 钳位吸收电路，但也会增加电源的成本。

（2）工作原理分析

AC 输入电压经 F_1 保险丝，整流桥，C_1 电容滤波，将高压 DC 信号加到由 T_1（高频变压器）、U_1（内置开关管）、D_1 续流二极管构成的 DC-DC 变换器电路，C_3 构成输出滤波电路，R_4 假负载提供输出开路保护。R_1、R_2、C_2 提供启动与供电功能，C_2 储能与滤波的作用。CS 端原边电流采样电阻 R_3 大小控制变压器初级峰值电流，输出电流通过变压器输出到负载端。

CL1221 工作在电流断续模式。芯片最大占空比为 42%，无须补偿电路。

良好的电源供应系统的可靠性是由其丰富的保护功能实现的，包括 LED 开/短路保护电路，原边过流保护和欠压保护等特性。当芯片输出短路时，系统将工作在 5kHz，此时输出功率很低；当应用系统出现 CS 短路或者绕组的磁饱和时，芯片将关断功率管，系统停止工作；当 LED 灯开路时，系统输出将触发过压保护电路，锁住功率管，系统停止输出；芯片 VCC 端输入电压过高时，将触发芯片的过压保护，并附带有迟滞，避免频繁的开关。

（3）CL1221 驱动芯片介绍

CL1221 是一款性能优异的原边反馈控制器，集成了多种保护功能。CL1221 工作在电感电流断续模式，适用于 85～65VAC 输入电压、功率 5W 以内的隔离 LED 恒流电源。芯片最大限度地减少了系统元件数目并采用 SOP8 封装，这些使得 CL1221 能够减小系统所占空间。CL1221 具有高精度电流采样电路，使得输出电流精度达到±3%以内。同时，CL1221 具有 LED 开路/短路保护，过流保护，欠压保护等。CL1221 采用双列直插 SOP8 封装，如图 2-36，图 2-37 所示是 CL1221 内部结构框图，表 2-7 是管脚功能描述，CL1221 技术参数最大额定值如表 2-8 所示。

表 2-7 CL1221 管脚功能

管脚号	名称	功能描述
1	CS	电流检测
2	GND	IC 地端
3	VDD	IC 供电端
4	OUT	内置功率管源极
5	DRAIN	内置功率管漏极
6	DRAIN	内置功率管漏极
7	NC	无连接，须悬空
8	NC	无连接，须悬空

表 2-8 CL1221 技术参数最低额定值表

技术参数	范围
电流采样电压	$-0.3 \sim 6V$
VDD 引脚最大输入电流	5mA
内部高压功率管源极电压	$-0.3 \sim 18V$
内部高压功率管漏极到源极峰值电压	$-0.3 \sim 600V$
功耗	0.45W
最低/最高存储温度 T_{stg}	$-55 \sim 150\,℃$
工作结温范围	$-40 \sim 150\,℃$

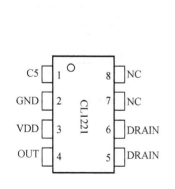

图 2-36 CL1221 管脚排列　　　　图 2-37 CL1221 驱动 IC 内部方框图

（4）电源 PCB 布线板电源 PCB 布线板如图 2-38 所示。

（5）变压器绕制

骨架：EE10（4＋4），针距 2.5mm，排距 10.5mm，卧式，如图 2-39 所示，按表 2-9 提供规格和要求绕制变压器；

电感量：$L_P(N_2)＝2.6mH±7.5\%(10kHz\ 0.25V)$；

漏感：$L_s(N)_2 < 100\mu H$（40kHz 0.25V，将其他 PIN 脚短路）。

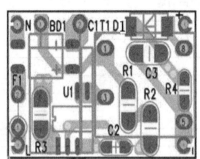

PCB顶层   PCB Layout 24mm×15mm   PCB底层

图 2-38 驱动电源 PCB 板

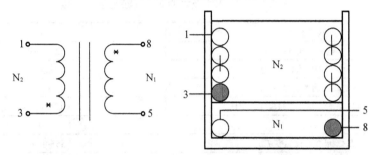

图 2-39 EE10 骨架

表 2-9 变压器绕制规格要求

绕组	材质	起脚位	收脚位	圈数	备注
N_1	Φ0.23mm×1.2UEW	8	5	24	一层
Tape	Tape W＝7.0mm			2	
N_2	Φ0.12mm×1.2UEW	3	1	160	四层
Tape	Tape W＝7.0mm			2	

3. LED 射灯驱动电源 BOM 清单

LED 射灯驱动电源 BOM 清单如表 2-10 所示。

表 2-10 LED 射灯驱动电源 BOM 清单

位号	数量	元件型号描述	封装
U_1	1	CHIPLINK CL1221	SOP8
R_1，R_2	2	RES 470K 5%	SMD1206
R_3	1	RES 2.7R 1%	SMD1206
R_4	1	RES 10K 5%	SMD0805
C_1	1	E-CAP 4.7μF/400V	SMD0805

位号	数量	元件型号描述	封装
C_2	1	CAP SMD 0805 1μF/25V，10%，X7R	SMD1206
C_6	1	三星 CL31B225KAHNNNE，CAP SMD1206 2.2μF/25V，10%，X7R	SMD1206
BD_1	1	MB6S 1A600V	SOIC-4
D_7	1	SS110 1A100V	DO-214AC
FR_1	1	10R/0.25W	绕线式保险电阻
T_1	1	Transform EE10	EE10（4+4 卧式）
PCB	1	PCB	24×15（mm）

4. LED 射灯驱动电源装配

按照 BOM 物料清单的物料规格领料依次焊接贴片元件、插件（最后焊接电解电容、安装变压器）、焊接、外观检测的步骤完成 PCBA 的装配。

外观检查的内容：元件是否用错、焊接是否良好（是否有连锡、假焊、虚焊、短路）、是否存在少件、多件、插反等现象。对于不良品予以修正。

5. LED 射灯驱动电源测试

（1）测试设备

1）交流电压源。

2）电子负载。

3）功率计。

4）交直流电参数测试仪。

（2）测试内容

主要测试输入电路、静态功耗、效率、输出电压和电流特性等，按照测试要求与参考数据对比差异。

1）输入电流如表 2-11 所示。

表 2-11　输出满载条件下测试输入电流

输入电压	输入电流/mA
85V/60Hz	
264V/50Hz	

2）静态功耗如表 2-12 所示。

表 2-12　输出空载条件下测试输入功率

输入电压	输入功率/mW	规格要求
85V/60Hz		<200mW

续表

输入电压	输入功率/mW	规格要求
120V/60Hz		
230V/50Hz		<200mW
264V/50Hz		

3）效率（输出带 3 颗 LED）如表 2-13 所示。

表 2-13　电源效率测试

输入电压	输入功率/W	输出电压/V	输出电流/A	输出功率/W	效率/%	规格要求
85V/60Hz						
120V/60Hz						
150V/50Hz						
180V/50Hz						
220V/50Hz						
264V/50Hz						

4）负载调整率如表 2-14 所示。

表 2-14　负载调整率测试

LED 灯数	输出电流 I_o/mA			输出电压
	输入电压 85VAC	输入电压 220VAC	输入电压 264VAC	
1				
2				
3				
负载调整率				

5）输出电压-输出电流曲线如图 2-40 所示。

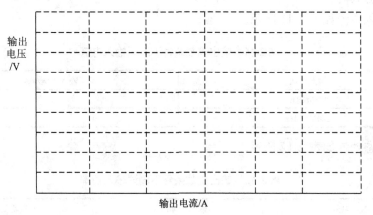

图 2-40　驱动电源输出电压-输出电流曲线图

（3）交直流电参数测量仪测量方法

测试仪器准备：AC SOURCE / 交流电源；ELECTRONIC LOAD / 电子负载；交直流电参数测量仪。

1）测试方法：电参数测试仪器连接如图 2-41 所示。

2）测试参数：按表 2-15 电参数项目要求进行测量，并将仪器读数填入表中。

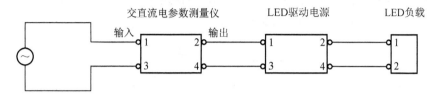

图 2-41　电参数测试仪器连接图

表 2-15　交直流电参数测量数据表

参数名称	标称值	测试值	判断
输入电压 V_{in}			
输入电流 I_{in}			
整灯功率			
PF 值			
输出电压 V_{out}			
输出电流 I_{out}			
输出功率 P			
效率			

（4）功率因数和效率测试方法

测试仪器准备：AC SOURCE/交流电源；ELECTRONIC LOAD/电子负载；DIGITAL VOLTAGE METER（DVM）/数字式电压表；AC POWER METER/功率表。

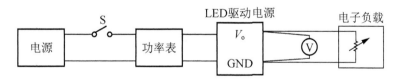

图 2-42　功率因数和效率测试连接图

测试方法如下。

1）按图 2-42 所示连接好电子负载和测试仪器。

2）依规格设定测试条件：输入电压，频率和输出负载。

3）从 POWER METER 读取 P_{in} 和 PF 值，并读取输出电压，计算 P_{out}。

4）功率因数＝$P_{in}/(V_{in} \times I_{in})$，效率＝$P_{out}/P_{in} \times 100\%$。

（5）输入电流测试方法

测试仪器准备：AC SOURCE/交流电源；ELECTRONIC LOAD/电子负载；AC POWER METER/功率表。

测试方法如下。

1）按图 2-43 所示连接好电子负载和测试仪器。

2）依规格设定测试条件：输入电压、频率和输出负载。

3）从功率计中记录 AC INPUT 电流值。

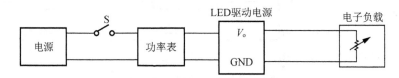

图 2-43　输入电流测试连接图

拓展与练习

LED 驱动电源 PFC 校正电路

1. LED 照明驱动电路功率因数要求

美国"能源之星"（Energy Star，是美国能源部和美国环保署共同推行的一项节能环保政府计划）固态照明（SSL）建议性规范定义：住宅照明应用的功率因数 PF>0.7，而商业照明的功率因数 PF>0.9。

欧盟的 IEC61000-3-2 谐波含量标准中则规定了功率大于 25 W 的照明应用的功率因数 PF>0.94。

为了解 IEC61000-3-2 的影响，最好先了解直接穿过电源线放置负载电阻 R 的理想情况，如图 2-44 所示。在这种情况下，正弦线路电流 I_{AC} 与线路电压 V_{AC} 成正比，且与该电压同相。因此：

$$I_{AC}(t) = \frac{V_{AC}(t)}{R}$$

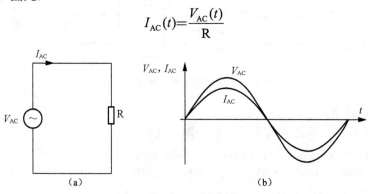

图 2-44　纯阻负载电路和线路电压和电流波形图

这意味着，对于效率最高的无失真电源线操作来讲，所有的负载都应作为有效电阻（R），而消耗和提供的功率是 RMS 线路电压和线路电流的乘积。不过，许多电子系统的负载都需要交流到直流的转换。在这种情况下，典型电源的电源线上的负载由一个驱动电容的桥式二极管组成，如图 2-45 所示。它是电源线的非线性负载，因为此桥式整流器的两个二极管都位于输入交流电源线电压的正半周期或负半周期的直接电源通路中。此非线性负载仅在正弦电源线电压的峰值期间汲取电源线电流，这样会产生"多峰"输入电源线电流，从而引起电源线谐波，如图 2-46 所示。

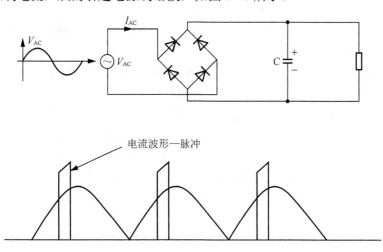

图 2-45　非线性负载电路及线路电压、电流波形图

　　非线性负载可使谐波大小与线路频率下的基本谐波电流具有可比性。图 2-46 所示为线路谐波电流波形图，除了基本电流外，还有二次、三次等谐波电流。这些谐波电流会影响同一电力线上的其他设备的工作情况。

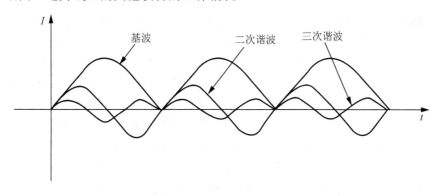

图 2-46　谐波电流

　　电源线谐波的大小取决于电源的功率因数，功率因数的变化范围为 0～1，功率因

数值越低，产生的谐波越大；功率因数的值越高，产生的谐波越小。功率因数 PF 的定义为

$$PF = \frac{P}{I_{RMS} \times V_{RMS}}$$

式中：P 为实际功率（W），I_{RMS} 为线路电流，V_{RMS} 为线路电压，$I_{RMS} \times V_{RMS}$ 为视在功率（VA）。PF 还等于线路电流与电压之间的相角（θ）的余弦值，从这个角度来讲，上式可以重新写成以下形式

$$P = (I_{RMS} \times V_{RMS}) \cos\theta$$

如果 $\theta = 0°$，则 $\cos\theta = 1$，则 $P = I_{RMS} \times V_{RMS}$，这与电阻负载的情况相同。当 PF 为 1 时，负载消耗电源提供的所有能量。

如果 $\theta = 90°$，则 $\cos\theta = 0$；因此负载收到的功率为零。提供功率的发电机必须提供 $I_{RMS} \times V_{RMS}$ 的功率（即使没有功率用于做有用功）。

因此，对于图 2-45 中的二极管桥式电容器案例，PF 定义中剩下的唯一变量就是线路电流 I_{RMS}，因为线路电压已通过电源线发电机固定至 220V。电源线为提供给负载的给定平均功率而汲取的 I_{RMS} 越高，功率因数 PF 就越低。电力公司会因低 PF 负载而遭受损失，这是因为电力公司必须提供更高的发电能力，从而满足由于负载的低而产生的更大的线路电流的要求。不过电力公司只会按提供的平均功率（单位：W）向用户收费，而不是按产生的伏安收费。

伏安与瓦特之间的这种差别要么以发热的形式出现，要么反过来体现到交流电源线上。分为无源功率因数校正和有源功率因数校正两种。

为提高线路功率因数，抑制电流波形失真，必须采用功率因素校正（PFC）措施。PFC 分无源和有源两种类型，目前流行的是有源 PFC 技术。

2. LED 照明驱动电路无源 PFC 功率因数校准工作原理

普通的桥式整流器整流后输出的电流是脉动直流，电流不连续，谐波失真大，功率因数低。因此，需要增加低成本的无源功率因数补偿电路，如图 2-47 所示。这个电路叫做平衡半桥补偿电路，也称为无源填谷式 PFC，C_1 和 D_1 组成半桥的一臂，C_2 和 D_5 组成半桥的另一臂，D_2 和 R_1 组成充电连接通路，利用填谷原理进行补偿。滤波电容 C_1 和 C_2 相串联，电容上的电压最高充到输入电压的一半，一旦线电压降到 $V_{AC}/2$ 以下，二极管 D_1 和 D_5 就会被正向偏置，这样使 C_1 和 C_2 开始并联放电。这样一来，正半周输入电流的导通角从原来的 75°～105° 上升到 30°～150°；负半周输入电流的导通角从原来的 255°～285° 上升到 210°～330°，如图 2-48 所示。与 D_2 串联的电阻 R 有助于平滑输入电流尖峰，还可以通过限制流入电容 C_1 和 C_2 的电流来改善功率因数。采用这个电路后，系统的功率因数从 0.6 提高到 0.89。R 有浪涌缓冲和限流功能，因此不宜省略。

无源 PFC 电路简单，成本较低，主要缺点是适用于功率应用通用性不高，体积大，重量大，PF 改善性能有限。

3. 有源 PFC 功率因数校准工作原理

（1）定义

有源功率因数校正是指通过有源电路（主动电路）让输入功率因数提高，控制开关器件让输入电流波形跟随输入电压波形，相对于无源功率因数校正电路（被动电路）通过加电感和电容要复杂一些，功率因数的改善要好些，但成本要高一些，可靠性也会降低。

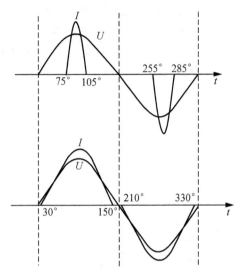

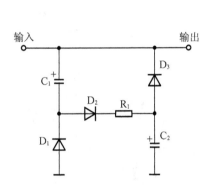

图 2-47 无源 PFC 校正电路

图 2-48 无源 PFC 校正电路波形图

（2）有源 PFC 基本结构和分类

有源功率因数校正（APFC）法，就是在整流器和负载之间接一个 DC-DC 变换器，应用电流反馈技术，使输入端电流波形跟踪交流输入正弦波形，从而把功率因数提高到 0.99 或更高，基本结构框图如图 2-49 所示。常用有源功率因数校正电路分为连续电流模式控制型与非连续电流模式控制型两类。其中，连续电流模式控制型主要有升压型（BOOST）、降压型（BUCK）、升降压型（BUCK-BOOST）之分；非连续电流模式控制型有正激型（Forward）、反激型（Fly back）之分。

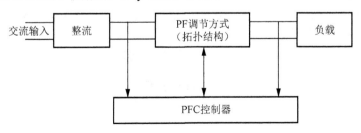

图 2-49 有源 PFC 基本结构框图

（3）升压 PFC 工作原理

有源 PFC 校正电路目前普遍采用升压形式，主要是在输出功率一定时有较小的输出电流，从而可减小输出电容器的容量和体积，同时也可减小升压电感元件的绕组线径。升压型 PFC 基本电路如图 2-50 所示，采用 DC-DC 升压变换器结构，其工作过程如下：当 PFC 开关管 S 导通时，升压二极管 V 截止，电流 I 流过电感线圈 L，在电感线圈未饱和前，流过 L 的电流从 0 沿斜坡线性增加，并全部通过开关 S 和地回复，电能以磁能的形式储存在电感线圈中，此时，电容 C 放电为负载提供能量；当 PFC 开关管 S 截止时，L 两端产生自感电动势 V_L，升压二极管 V 导通，V_L 与电源 V_{IN} 串联向电容和负载供电，通过 L 的电流 I_L，沿向下的斜坡下降，一旦 I_L 降为零，PFC 控制器又再产生一个新的输出脉冲驱动 S 再次导通，开始下一个开关周期。有源 PFC 工作过程波形如图 2-51 所示。

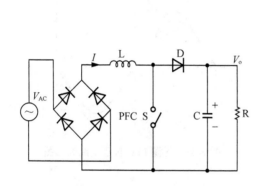

图 2-50　升压型有源 PFC 电路

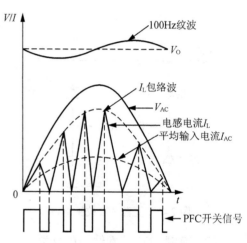

图 2-51　有源 PFC 工作波形图

升压型 PFC 校正电路的优点如下。

1）输入电流完全连续，并且在整个输入电压的正弦周期内都可以调制，因此可获得很高的功率因数。

2）电感电流即为输入电流，容易调节。

3）开关管栅极驱动信号地与输出共地，驱动简单。

4）输入电流连续，开关管的电流峰值较小，对输入电压变化适应性强，适用于电网电压变化特别大的场合。

主要缺点是输出电压比较高，且不能利用开关管实现输出短路保护。

练习与思考

1. 填空题

（1）LED 灯具驱动方式分：恒＿＿＿＿＿＿驱动和恒＿＿＿＿＿＿驱动。

（2）LED 灯珠负载连接有_____、_____、_____、_____方式。

（3）LED 照明恒流源电源常采用 _____电路结构。

（4）DC-DC 变化器主要有_____、_____、_____等 3 种拓扑结构。

（5）SD6900 引脚 ZCD 主要功能是_____。

2．选择题

（1）常用 LED 灯杯输入电压是（　　）。

  A．DC12-24V/AC12V   B．AC24V

  C．AC220V   D．都有

（2）常用 LED 照明驱动拓扑结构有（　　）种。

  A．2   B．3   C．4   D．5

（3）在 LED 灯珠负载中，当某一颗灯珠烧坏将会出现整个 LED 灯板不发光的连接方式是（　　）。

  A．串联   B．并联   C．混联   D．全部都会

（4）LED 汽车刹车指示灯一般采用（　　）驱动方式。

  A．低电压 B．高电压 C．过渡电压 D．市电

（5）当供电电源电压高于 LED 负载电压时，驱动电源电路常采用（　　）拓扑结构。

  A．BOOST B．BUCK C．BUCK-BOOST D．SEPIC

3．名词解释

（1）驱动电源。

（2）PFC。

（3）拓扑结构。

（4）功率因数。

（5）浮地控制。

4．问答题

（1）LED 光源为什么常用恒流源驱动电源？

（2）LED 照明驱动有哪些要求？

（3）LED 电源有哪几种驱动方案？

（4）简述降压式 DC-DC 变换器工作原理。

（5）试说明无源 PFC 校正电路工作过程。

考核与评价

任务实施完成后，要求每一位同学对任务完成情况总结并进行课堂交流分享。同时

老师结合产品质量、班级纪律记录与各个小组的评价对每一位同学进行综合评价。详见学习任务学生综合评价表。

学习任务学生综合评价表

任务名称：_____

班级名称：_____ 学生姓名：_____ 所属小组：_____ 岗位名称：_____

项目名称	评 价 内 容	配分	评价分数		
			自评	组评	师评
职业素养 40%	劳动保护穿戴整齐，仪容仪表符合规范，文明礼仪	6 分			
	有较强的安全意识、责任意识、服从意识	6 分			
	积极参加教学活动，善于团队合作，按时完成任务	10 分			
	能主动与老师、管理人员、小组成员有效沟通，积极展示工作进度成果	6 分			
	劳动组织纪律（按照平时学习纪律考核记录表）	6 分			
	学习用品、实训工具、材料摆放整齐，及时清扫清洁，生产现场符合 6S 管理标准	6 分			
专业能力 60%	上课能专心听讲，笔记完整规范，专业知识掌握比较好	12 分			
	技能操作符合规范，符合产品组装工艺，元器件识别正确、有质量意识	18 分			
	勤学苦练、操作娴熟，工作效率高，总结评价真实、合理、客观	12 分			
	电子产品的验收质量情况（参照企业产品验收标准及评分表）	18 分			
总　　分					
总评	自评×20%＋组评×20%＋师评×60%＝		综合等级	教师（签名）：　　　　　　年　　月　　日	

注：学习任务评价按自我评价、组长评价和教师评价 3 种方式，考核分为：A（100～90）、B（89～80）、C（79～70）、D（69～60）、E（59～0）5 个级别。

项目三　LED 球泡灯照明驱动设计与应用

学习目标

1. 熟悉 LED 球泡灯的特点与应用场合;
2. 掌握 LED 球泡灯的结构组成与安装方法;
3. 掌握 LED 球泡灯的技术参数与节能效果;
4. 熟悉 LED 球泡灯驱动电路的工作原理和基本设计方法;
5. 熟悉 LED 球泡灯的电子组装方法。

随着 LED 球泡灯的技术不断成熟,光效不断提高,成本大幅度下降,越来越多的家庭、商店等纷纷使用 LED 球泡灯进行日常照明用途。本项目就是结合市场常用的 LED 球泡灯规格与特点、技术参数与相应的驱动电源方案和 LED 球泡灯产品电子组装进行学习。

相关知识

知识 1　LED 球泡灯照明应用场所和标准

LED 球泡灯是替代传统白炽灯泡的新型节能灯具,传统白炽灯(钨丝灯)耗能高、寿命短,在全球资源紧张的大环境下,已渐渐被各国政府禁止生产,随之的替代产品是电子节能灯,电子节能灯虽然提高了节能效果,但由于使用了诸多污染环境的重金属元素,又有悖于环境保护的大趋势。随着 LED 技术的高速发展,LED 照明逐渐成为新型绿色照明的首选。

1. LED 球泡灯应用场所

博物馆、商店、饭店、酒店、会议室、酒吧、陈列柜、展示厅和其他地方的装饰,实物如图 3-1 所示。

2. LED 球泡灯照明应用与白炽灯节能对比分析

白炽灯最常用的瓦数有 15W、30W、45W、60W、75W 和 100W 等。白炽灯的发光效率在 7.5~12lm/W。瓦数越大效率越高。常见白炽灯规格与光通量如表 3-1 所示。

图 3-1　LED 球泡灯实物

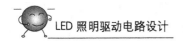

表 3-1　白炽灯的规格参数

功率/W	15	30	45	60	75	100
发光效率/（lm/W）	7.5	8	8.5	9.5	10.5	12
光通量/lm	112.5	240	382.5	570	787.5	1200

采用 LED 球泡灯取代白炽灯，目前市场上通用的 LED 球泡灯光效为 100lm/W，高端光效的 LED 球泡灯其光效已达到 130lm/W。由光效值可以得出对这两种 LED 相应的功率来。因为 LED 需要恒流源，而恒流源有一定的效率，假定为 85%，又因为 LED 球泡灯通常采用乳白泡壳，其透光率大约为 85%，二者相乘等于 0.72%。考虑以上因素以后就可以得出白炽灯的功率来，如表 3-2 所示。

表 3-2　白炽灯与 LED 球泡灯参数对比

类型　　功率/W　　光通量/lm	112.5	240	382.5	570	787.5	1200
白炽灯	15	30	45	60	75	100
通用 LED 球泡灯	1.56	3.3	5.3	7.9	10.9	16.6
高效 LED 球泡灯	1.2	2.6	4.1	6.1	8.4	12.8

可见，LED 在同样亮度时大约可以节省 10 倍的功率。

3．LED 球泡灯标准要求的主要内容（参考行业技术规范）

（1）光通量维持率（Lumen Maintenance）

LED 球泡灯在规定条件下点燃，在寿命期间内一特定时间的光通量与初始光通量之比为光通量维持率，以百分数表示。为测试简便，可用在规定距离下灯下点的照度替代光通量来计算光通维持率。

（2）灯具的功率因数（Power Factor of Luminaire）

LED 球泡灯在标称的额定电源电压及额定频率下工作时，其实际消耗的功率与额定功率之比为灯具的功率因数。

（3）灯具的光效（Luminous Efficacity of Luminaire）

LED 球泡灯在标称使用条件下，灯具发出总光通量与其所耗点功率之比为灯具的光效。以流明（lm/W）表示，在不致混淆的情况下简称光效。

（4）安全

在标称的额定电源电压及额定频率下应能长期、可靠、正常地工作，并对使用者和环境不产生危害。

（5）电磁兼容性

1）输入电流谐波应符合 GB 17625.1-2012 的规定；

2）无线电骚扰特性应符合 GB 17743-2007 的规定；

3）电磁兼容抗扰度应符合 GB/T 18595-2001 的规定。

（6）灯具电性能

1）在标称的额定电源电压及额定频率下，正常开启并保持燃点。

2）在标称的额定电源电压及额定频率下工作时，其实际消耗的功率与额定功率之差不应大于 10%。

3）功率因数。按照美国"能源之星"规定，凡是功率小于 5W 的 LED 灯具不要求功率因数。而大于 5W 的则要求功率因数必须高于 0.7。

（7）寿命

LED 球泡灯寿命不低于 30000 h。

（8）主要光参数

LED 球泡灯主要光参数应符合表 3-3 的规定。

表 3-3　主要光参数

序号	项　目		参　数
1	显色指数		Ra≥70
2	初始光效（不带面罩）/（lm/W）		≥80
3	初始光通量/lm		不低于额定值 90%
4	色温	冷白 RL	3300K<T_c≤6500K
		暖白 RN	T_c≤3300K
5	2000h 光通量维持率		≥95%
6	5000h 光通量维持率		≥90%

知识 2　LED 球泡灯的规格、结构与主要技术参数

1. LED 球泡灯的市场常见规格、结构组成

目前市面常见 LED 球泡灯规格如表 3-4 所示。

表 3-4　LED 球泡灯常见规格与品牌

品牌	电压/V	功率/W	光通量/lm	光效/（lm/W）	寿命 h
东芝	100～250	7	600	83	40000
勤上	90～265	5	350	70	30000
比亚迪	100～250	4	210	52	40000
TCL 照明	90～265	7	560	80	35000

LED 球泡灯结构如图 3-2 所示。

这是一个 5W 的 LED 球泡灯，全长 13cm，散热器长 5cm，直径 4.5cm。泡壳长

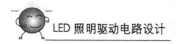

5.2cm，直径 5.5cm，重量 114 克。它大约可以取代 45W 的白炽灯。其结构主要包括①灯头；②恒流驱动电源；③散热器；④LED 灯板；⑤灯泡罩。市面常见 LED 球泡灯散件如图 3-3 所示。

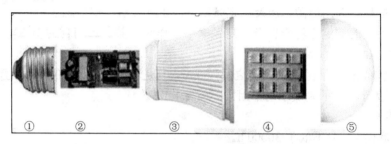

① ② ③ ④ ⑤

图 3-2　LED 球泡灯结构

图 3-3　LED 球泡灯结构散件

球泡灯各个部件介绍如下。

（1）灯头

目前球泡灯通用的为 E27 灯头，有些特殊的场合中使用 E14 灯头，如图 3-4 所示。

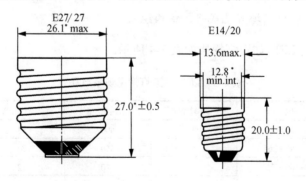

图 3-4　E27 灯头与 E14 灯头

（2）LED 球泡灯电源类型与性能指标

因为球泡灯都是用市电供电，所以电源也必须是市电交流输入的，LED 球泡灯的电源类型和基本指标如下。

1）电源基本类型。主要分隔离式和非隔离式两种，那是指负载端是否与火线 220V 隔离。一般来说，非隔离因为不需要隔离变压器，所以成本低，但要求铝基板耐压高，否则散热器就有可能带电。所以比较不容易通过安规检验。隔离式就比较安全，比较容易通过安规，但成本高。

2）电源基本指标。

① 电源输入电压范围。电源输入电压主要根据市电电压的±20%设计，一般大陆、西欧及一些英联邦国家的市电电压为 220V，北美和东北亚的一些发达国家电压为 110V，另外还有一些特殊地区的市电电压为 120V、230V、240V。市电频率多数为 50Hz，少数国家为 60Hz。因此，在电源设计中一般设计为 90～265V 或者 170～265V。

② 电源输出。输出电压和电流主要根据 LED 串并联的数量决定，输出电压范围很多，输出电流根据输出电压和 LED 串并联灯珠功率决定。

③ 电源输出功率。因为球泡灯的体积大小必须和玻壳的白炽灯相当，所以散热器大小有限，目前大多不超过 9W。

④ 电源效率。一般隔离式为 80%～85%，非隔离式在 90%左右。

⑤ 电源功率因数 PF。驱动电路设计中不加 PF 校正在 0.5～0.6，加 PF 校正达到 0.8 以上。

⑥ 负载调整率。电源负载的变化会引起电源输出的变化，好的电源负载变化引起的输出变化会减到最低。恒流源电源负载调整率定义为负载在规定范围内变化，输出电流的变化率；$\Delta I/I_O = (I_O - I_R)/I_O \times 100\%$。

⑦ 线性调整率。电源输入电压变化会引起电源输出的变化，好的电源输入变化引起的输出变化会减到最低。恒流源电源线性调整率定义为在规定输入电压变化范围内，输出电流的变化率；$\Delta I/I_O = (I_O - I_R)/I_O \times 100\%$。

⑧ 体积。由于球泡灯留给电源的空间很小，所以体积的限制很严。

（3）球泡灯的散热器

球泡灯的 LED 通常焊接在一块铝基板（LED 底板）上，这块铝基板再和一片圆形铝散热板固定，然后再把这块铝散热板固定到散热器外壳上去，如图 3-5 所示。

散热器的材料目前大多数采用铝合金，因为成本低廉，加工容易，而且导热性好。但是最近出现了很多绝缘的塑料散热器和陶瓷散热器，其散热效果也不差。因为最后的散热主要靠对流和辐射。而对流完全由其形状和面积决定。辐射则和材料的辐射性有关。氧化处理是改进金属材料的辐射散热的重要途径。而导热塑料则不需要任何氧化处理就可以达到极高的辐射系数。因此，只要其外形和金属散热器一样，那么其对流和辐射的效果和金属散热器的效果是相同的。但是其热传导性能肯定不如金属，所以整体散热效果会差一些。但是如果把它做的尽可能薄，再加上一层金属的内壁，就可以把这个热传导低的不利因素降至最低。现在已经有导热系数大于 20W/m·K 的塑料（导热系数大于 20W/m·K 的导热塑料一般绝缘性会降低），但是其单价比较高。陶瓷散热器的情况和

图 3-5　LED 球泡灯散热器

塑料散热器情况一样。只是其导热系数可以做得更高，当然成本也要高很多。

（4）LED 球泡灯使用的 LED 灯珠

1）LED 的寿命：一般的 LED 寿命参数是 5 万～10 万小时（此寿命仅针对小功率 LED 且 LED 结温在 25℃）。

2）LED 封装经历了 Lamp LED（普通引脚式）、贴片式（SMD LED）、大功率 LED、COB（集成式）发展过程。无论大功率还是小功率芯片的器件，最终都走上了集成化之路。

2.　LED 球泡灯技术参数与特点

（1）LED 球泡灯主要特点

1）使用寿命长，平均寿命可达 10 万小时。

2）耗电量少，一支 5W LED 灯泡，相当于普通白炽灯 40W。

3）响应时间快，点亮无延迟，响应时间更快。LED 的启动时间仅为几十纳秒，启动时间较白炽灯泡大大缩短。

4）安全可靠性强，用 LED 制作的光源跟普通的白炽灯和荧光灯有很大的不同，是全固体发光体，耐震、耐冲击、不易破碎、热量低、无热辐射。

5）无频闪，发光纯度高，光色柔和，无眩光。

6）宽电压技术使 LED 灯在 80～265V 都可点亮。

7）环保，不含水银、铅等危害健康的物质，无污染。

（2）LED 球泡灯的参数

以市面一款典型 5W LED 球泡灯为例，技术规格书如下，其包含所具有的产品特征如下。技术参数如表 3-5 所示，实物如图 3-6 所示，外形尺寸如图 3-7 所示，配光曲线如图 3-8 所示。

图 3-6　LED 球泡灯实物

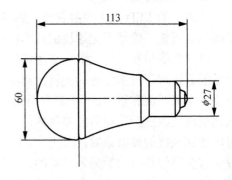

图 3-7　外形尺寸

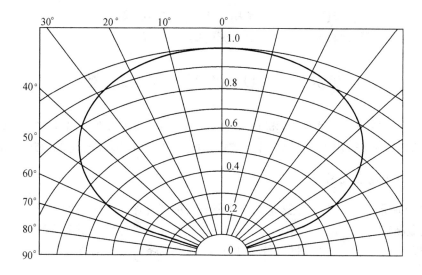

图 3-8　配光曲线

表 3-5　典型球泡灯的技术参数

型　　号	DS-BL05A
输入电压	AC 90～264V
频率范围	50/60Hz
LED 颗数	5PCS
额定功率	5W
灯具光通量	300～400lm
中心照度（$h=1$m）	60～90 lx
色　　温	2700～6500K
显色指数	Ra≥75
整灯效率	≥80%
工作温度	−20～40℃
工作湿度	≤95%（RH）
储存温度	−40～75℃
工作寿命	≥35000（H）
灯体材料	AL6063
灯座接口	E27
外形尺寸	ϕ60×113
净　　重	0.13kg

产品特征如下。

1）采用欧美、日本、中国台湾名厂 LED，高光效、低能耗，质量可靠。

2）采用分散光源，照度均匀，视觉效果舒适。

3）合理的散热结构，使 LED 在较低温度下运行，保证 LED 的使用寿命。

4）采用与传统灯具一致的安装结构，便于安装和更换。

5）全部采用环保材料，安全可靠，无污染，零排放。

知识 3 LED 球泡灯驱动电路设计

设计一款 3W LED 球泡灯驱动电源电路，驱动 3 个 1W 串联白光 LED，要求达到以下设计规格：设计输出电压 10V；设计输出电流 330mA；输入电压 AC85～265V。

1. 驱动电路原理图设计

图 3-9 所示球泡灯驱动电路是典型的反激式的拓扑结构，采用副边反馈（即光耦反馈），以提高输出电流精度。电路由 EMI 滤波：整流滤波电路，反激励变压器、功率开关管、PWM 控制电路、电流反馈控制电路、输出电路、保护电路等组成。

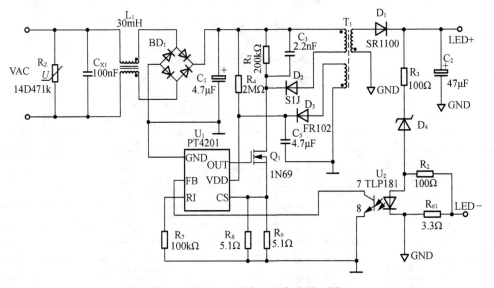

图 3-9　3WLED 球泡驱动电路原理图

L_1 和 C_{X1} 组成 EMI 滤波电路滤除干扰；BD_1 和 C_1 组成整流滤波电路将市电变化直流电压。T_1 是变压器在开关管 Q_1 控制下工作在反激励状态，将初级电源变换到次级输出，R_1、C_3、D_2 组成反激励变压器吸收电路。PWM 控制芯片 PT4201 控制调整开关管导通和截止，U_2 光偶、D_4 稳压管构成反馈控制电路，输出整流滤波电路由 D_1、C_2 构成将变换器电路输出的高频方波转成直流输出。而反馈电路将输出信号的变化通过光耦加到控制芯片的 FB 段，达到控制 Q_1 开关管的目的，从而达到对输出恒流控制的目的。

2. 工作原理分析

AC85～265V 交流电输入，通过 EMI 电路接入整流桥，从整流桥出来的电压大约为

1.4 倍的输入电压，电流 1A 左右。C_1 是一个滤波电容，此处 3W 的应用采用 4.7μF 的电容，如选择太小的会导致纹波大，选择太大的空间又不允许。PT4201 的 VDD 端一开始由启动电阻 R_4 降压后供电，电压达到 18V 时启动 PWM 控制器工作，启动之后就通过变压器辅助绕组供电，电压为 9～27V。R_1、C_3 和 D_2 是一个 RCD 吸收回路，用来吸收 Q_1 开关时产生的尖峰。减小 R_1，可以提高吸收效果，但是会导致系统效率降低。PT4201 的 RI 端所接电阻 R_7 是用来设定开关频率的，PWM 工作频率按以下公式计算：

$$f = \frac{6500}{R_7}(\text{kHz})$$

式中：R_7 单位为 kΩ，此处 R_7 选用 100kΩ，把频率设定在 65kHz，PT4201 的 CS 端连接采样电阻 R_8、R_9，取样变压器初级励磁电流，和 FB 端反馈电压一起控制 PWM 占空比，控制恒流输出，同时起到过流保护作用，过流门限按以下公式计算：

$$I_{oc} = \frac{0.75}{R_{CS}}(\text{A})$$

式中：I_{oc} 是 MOSFET 电流，R_{CS} 是 CS 端取样电阻，本例取样电阻 R_8 和 R_9。

变压器是一个重要的部件，采用反激式的拓扑结构，Q_1 由导通到关断瞬间，D_1 的承受耐压为变压器输入电压/匝数比＋变压器输出电压，D_1、T_1、Q_1 是影响效率的关键，D_1 反向耐压与 T_1 匝数比互相牵制。变压器输出整流二极管采用 SR1100 是一个肖特基二极管或者可采用快恢复二极管整流，设计时可参考以下公式选择耐压值：

二极管最低耐压值＝变压器输入交流电压峰值/匝比＋输出电压＋百分之十到二十的余量

当空载时，R_3 是一个限流电阻，限制这条支路上的电流在 10mA，D_4 在这里选用 12V 稳压管，起到一个整流限压的作用，在空载时才工作，R_2 是一个分流电阻，R_2 上流过的电流为 10mA。带负载时，R_6 两端的电压为 1V 左右，通过选择电阻值不同调节输出电流，本电路设计电流设定在 300mA 左右。U_2 是光耦，当 R_6 上的电流变大时，发光二极管上的电流变大，光敏电阻感应到之后，反馈电流到 PT4201FB 端，FB 端电压变小，PT4201 通过调整占空比来使能量降低，随之降低 R6 上的电流。由于是从输出端采样电流反馈到芯片，实时对电流进行微调，提高了输出电流的精度。

3. 驱动芯片 PT4201 介绍

PT4201 是一款电流模式 PWM 控制器，低启动电流、低工作电流、优化设计的操作模式以及完善的保护功能适用于高性能、高可靠性低待机功耗要求开关电源应用，也适用于对于电流精度及可靠性要求较高的 LED 照明系统。基于 PT4201 的隔离式光耦反馈的高亮度 LED 驱动系统具有恒流精度高、外围电路简单、无闪烁和 EMI 辐射低的显着优点。在正常工作状态下控制器的振荡频率可以通过外部电阻精确设定。同时，PT4201 的前侧消隐电路帮助克服外部功率器件开启瞬间的电压毛刺，能有效避免控制器的误动作造成的 LED 灯闪烁。内部集成的电流斜率补偿功能提高了系统稳定性。

PT4201 提供完善的保护功能以提高 LED 照明系统的可靠性，包括逐周期过流保护（OCP）、VDD 过压保护（OVP）以及 VDD 欠压保护（UVLO）等。OUT 输出脉冲高电压被嵌制在 18V 保护外部功率 MOS，短路保护功能防止 LED 负载短路时损坏系统。

PT4201 提供 SOT-23-6 封装，引脚排列如图 3-10 所示，具体功能描述如表 3-6 所示。

表 3-6　PT4201 引脚功能

引脚	符号	描述
1	GND	接地脚，直接连接到接地层
2	FB	反馈输入引脚，FB 脚电压和 SENSE 脚输入电压共同决定了 PWM 占空比
3	RI	内部振荡器频率设定脚，通过接一个电阻到地设定内部振荡器频率
4	CS	过流保护输入引脚，通过检测串接在外部 MOSFET 和地之间电阻上的电压实现电流检测和逐周期过流保护
5	VDD	芯片工作电源输入端
6	OUT	PWM 驱动输出脚，连接到功率 MOSFET 的栅极

PT4201 集成了多种增强功能，并以其极低的启动和工作电流、多重保护功能为小功率 LED 照明驱动提供性能优良可靠的低成本解决方案。

（1）启动及 UVLO 的优化设计

PT4201 通过一个连接到高压线上的电阻 R_{start} 对连接在 V_{dd} 脚上的电容 C_{hold} 充电实现启动。在上电之初，C_{hold} 电容上的电压为 0，PT4201 处于关断状态，从 R_{start} 上流下的电流对 C_{hold} 进行充电从而使 V_{dd} 电压升高，当 V_{dd} 脚电压达到芯片启动电压 V_{DD-ON} 之后 PT4201 开始工作，工作之后流进 V_{dd} 电流增加，由辅助绕组开始对芯片进行供电。

优化设计的启动电路使 PT4201 启动之前 V_{DD} 只消耗极低的电流，这样可以选用比较大的启动电阻 R_{start} 从而改善整机效率。对于一般的通用输入范围的应用，一个 2Mohm，1/8W 的电阻和一个 10μF/50V 的电容可以组成一个简单可靠的启动电路，如图 3-11 所示。

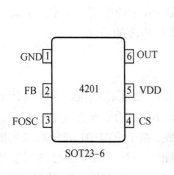

图 3-10　PT4201 引脚排列

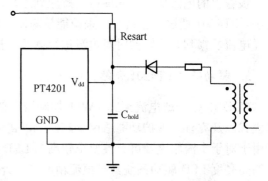

图 3-11　PT4201 启动电路

（2）电压反馈及 PWM（开关电源应用）

PT4201 采用电流模式控制，电压反馈通过外部电路设计连接到输出端的 TL431 和光耦改变 PT4201 FB 引脚电压实现。如图 3-12 所示，TL431 内部有一 2.5V 的基准，当 R_1，R_2 的分压超过内部基准时，TL431 驱动光耦发光管发光，光耦内部光敏三极管根据接收到的发光强度输出与发光管电流成比例的电流改变 FB 引脚电压，PT4201 根据 FB 电压的大小改变输出脉冲占空比实现 PWM 控制。

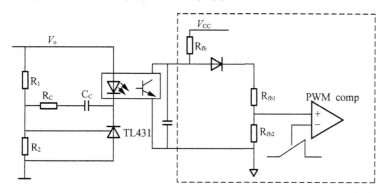

图 3-12　电压反馈及 PWM 控制

（3）电流采样及恒流控制（LED 驱动应用）

当用作 LED 驱动时，PT4201 采用光耦检测输出 LED 串的电流并通过改变输出脉冲占空比达到输出电流控制目的。如图 3-13 所示，当 LED 电流达到设定值时，LED 电流在采样电阻 R_2 上的压降达到光耦发光管导通电压，发光管导通使 FB 电压下降，PT4201 根据 FB 电压的大小改变输出脉冲占空比实现恒定电流输出。

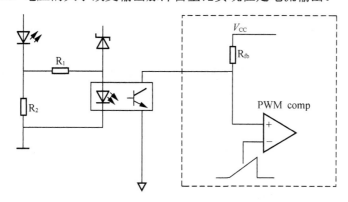

图 3-13　电流采样及恒流控制

知识 4　市场常见品牌 LED 球泡灯驱动电源规格与特点介绍

目前市场常见电源品牌有深圳茂硕、东莞富华电子、台湾明纬、惠州德亿电子等品牌。

1. 内置电源的特点

高端产品的基本要求是能过安全论证的产品，但市面上许多低端的冒牌货就以次充好，以价格低混迹市场，给驱动电源市场的发展带来消极的影响。

LED 球泡灯电源应用的特点如下。

1）全电压范围输入。

2）高效率。

3）高功率因数。

4）符合安规标准。

5）长寿命。

2. 常见型号与参数

一般 LED 球泡灯的型号按功率分有 3W、4W、5W、7W、9W 规格。

主要电气性能参数如下。

1）输入电压：90～264V。

2）输入频率：50～60Hz。

3）输入线性调整率：小于 3%。

4）输出线性调整率：小于 5%。

5）温度漂移：小于 5%。

6）输出功率：不同规格的输出不同（1～15W）。

7）输出电流：不同设计不同（几十到几百 mA）。

8）电源效率：一般在 0.7 以上，高的达到 0.85 或以上。

任务实施

任务 1　15W LED 球泡灯驱动电源设计与测试

1. 任务描述

设计一款基于 H018 驱动芯片的 15W LED 球泡灯电源，并进行电气性能测试，完成 LED 球泡灯组装任务。

设计规格（驱动 38～50 颗 LED（3.0V、120mA）照明）如下。

输入电压：86～264VAC

输入频率：47～63Hz

输出电压：150V

输出电流：120mA

2. 驱动电源设计方案

（1）驱动电路原理图设计

基于 H018 芯片的 15WLED 球泡灯驱动电路理图如图 3-14 所示。

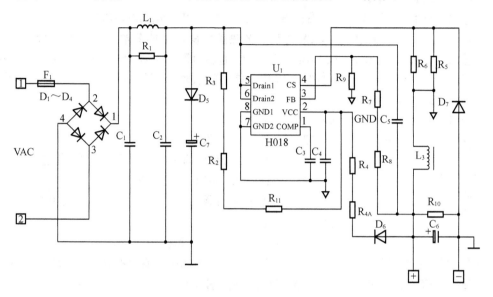

图 3-14 15W 驱动电路原理图

（2）工作原理分析

AC 输入经 F_1 保险管，$D_1 \sim D_4$ 桥式整流，C_1、C_2、L_1、R_1 组成的 EMI 滤波（去除高频噪声干扰），R_1 是阻尼电阻防止电路振荡。经整流后的线电压（脉动直流电压）加给 H018 的驱动 IC 的 5、6 脚（内部高压 MOS 的漏极），与 CS 端（恒流检测输入端）构成内部开关（MOS 管的漏极与源极），FB 作为反馈电压输入端口，R_7、R_8、R_9 构成反馈电压取样电阻，R_5、R_6 构成电流采样电阻，L_3 是储能电感，R_{10} 假负载，D_7 续流二极管（D 漏极与 S 源极断开时提供 L_3 的放电通路，C_6 输出滤波电容，同时给负载放电），U_1、L_3、D_7、C_6 形成 DC-DC 变换器电路。经过 EMI 滤波的线电压另一路加给 VCC 供电端作为启动时的供电（C_3 滤波作用，C_4 补偿稳定电路），启动后，通过输出的 DC 电压经 D_6 整流，R_4、R_{4A}（限流）给 IC 供电。通过检测流经 R_5、R_6 的电流值的变化（CS 端）与输出电压的变化（FB 端）控制内部 MOS 的通断起到恒流的目的。

（3）H018 驱动芯片介绍

H018 一款专用于 LED 的有源 PFC 非隔离降压型恒流驱动集成电路，系统工作在谷底开关模式，转换效率高，EMI 低，PF 高，输出电流自动适应电感量的变化和输出电压的变化，从而真正实现了恒流驱动 LED。

H018 芯片内部集成 500V 功率 MOSFET，采用 SOP8 封装，散热条件良好时功率输出可高达 18W，外围只需要很少的器件就可以达到优异的恒流输出。

H018 内部集成了丰富的保护功能，包括过压保护、短路保护、逐周期电流保护、

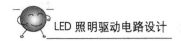

动态温度补偿、过温保护和软启动等。

H018 具有极低的启动电流和工作电流，可在全电压（85～265VAC）范围内高效驱动 LED。H018 提供 8-Pin 的 SOP8 封装。

1）主要特点如下：

① 高 PF 值，低 THD、动态温度补偿、内置 500V 功率 MOSFET。

② 无须辅助线圈供电、SOP8 封装，散热条件良好时功率输出可高达 18W。

③ 谷底开关，高效率，低 EMI、自动补偿电感的感量变化、自动适应输出电压变化。

④ LED 短路保护、过压保护、采用智能温控技术，芯片结温大于 150℃时自动降低电流、开路保护、外围元件少。

2）封装形式如图 3-15 所示。

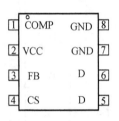

图 3-15　H018 封装（SOP-8）

3）管脚功能介绍。

表 3-7 列出了 H018 驱动芯片的管脚功能描述。

4）H018 驱动芯片内部方框图。

框图结构原理如图 3-16 所示，包括自带有 PFC 控制调整电路设计。

5）H018 驱动芯片典型应用电路设计。

H018 是深圳市华芯邦科技有限公司生产的有源 PFC 非隔离降压型恒流驱动集成电路，只需很少的外围器件来实现恒流驱动 LED，典型应用电路如图 3-17 所示。

表 3-7　H018 驱动 IC 管脚功能

管脚号	管脚名	功能描述
1	COMP	环路补偿端，接电容到地
2	VCC	芯片电源端
3	FB	反馈信号输入
4	CS	电流采样端与内部高压 MOS 管源极
5, 6	D	内部高压 MOS 管的漏极
7, 8	GND	芯片地

① 启动电流的设计。H018 启动电流很低，典型值为 70μA（最大值为 100μA），如果设计系统交流 85V 启动时，启动电阻为

$$R = \frac{85 \times \sqrt{2}}{100} = 1.2(M\Omega)$$

VCC 电容 C_3 取决于应用的输入电压范围和输出功率以及输出电容，当输入电压越低、输出功率越大、输出电容越大时，VCC 电容容值也越大，否则无法启动。

② 芯片供电电压设计。H018 启动后，需要输出电压给芯片供电，整流二极管 D_6 需选用快恢复二极管。限流电阻 R_4 的计算公式为

$$R_4 = (1-D) \times \frac{V_{LED} - 9}{400}$$

式中：D 为占空比，$400\mu A$ 为芯片正常工作电流，V_{LED} 为输出负载电压。

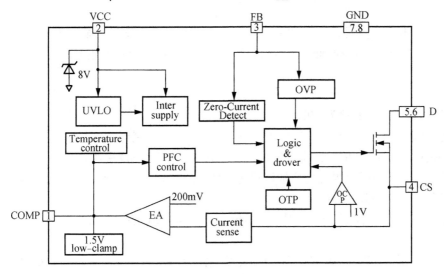

图 3-16　H018 驱动 IC 内部方框图

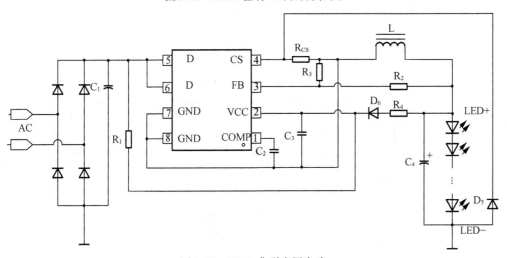

图 3-17　H018 典型应用电路

③ 取样电阻设计。H018 系统实时连续检测电感上的峰值电流，CS 端连接芯片内部，并与内 200mV 的电压进行比较，内部运放的输出 COMP 调节导通时间，使得 CS 的平均值在系统稳定后等于 200mV，此外 CS 内部还设置了 1V 的逐周期过流保护阈值。

LED 输出电流的公式为

$$I_{LED}=\frac{0.2}{R_{CS}}(A)$$

则取样电阻的公式为

$$R_{CS}=\frac{0.2}{I_{LED}}(\Omega)$$

④ FB 电压检测设计。FB 端的电压决定了系统的工作状态，当 FB 端电压大于 1.6V（典型值），H018 会自动判断为输出过压保护，输出过压保护电压为

$$V_{OVP}=1.6\times\frac{R_2+R_3}{R_3}$$

设计时 R_3 一般取值为 10kΩ。

⑤ PCB 设计。在设计 H018 PCB 时，需要遵循以下指南。

旁路电容：VCC 的旁路电容需要紧靠芯片 VCC 和 GND 引脚。

地线：电流采样电阻的功率地线尽可能短，且要和芯片的地线及其他小信号的地线分头接到 Bulk 电容的地端。

功率环路：功率环路的面积要尽量小，以减小 EMI 辐射。芯片远离续流二极管等发热元件。

Comp：由于 PCB 板可能存在轻微的漏电，为了避免 VCC 向 Comp 漏电而导致系统不能正常工作，建议 Comp 的引线尽量短，且不要和 VCC 平行。

FB：FB 及其分压电阻的引线尽量短，并远离 drain，避免干扰。

6）元器件清单 BOM。

元器件清单如表 3-8 所示。

表 3-8　15W 驱动电源 BOM 清单

序号	项目	新描述	数量	位置
1	电阻	SMD Resistor，4.7kΩ（±5%），1/8W，0805	1	R_1
2	电阻	SMD Resistor，270kΩ（±5%），1/8W，0805	3	R_2，R_3，R_{11}
3	电阻	SMD Resistor，10kΩ（±5%），1/8W，0805	2	R_4，R_{4A}
4	电阻	SMD Resistor，3.3Ω（±1%），1/8W，0805	2	R_5，R_6
5	电阻	SMD Resistor，4.7kΩ（±1%），1/8W，0805	1	R_9
6	电阻	SMD Resistor，150kΩ（±5%），1/8W，0805	1	R_{10}
7	电阻	SMD Resistor，270kΩ（±1%），1/8W，0805	1	R_8，R_7
8	电阻	绕线保险电阻 5.6Ω（±5%），1W	1	F_1
9	电容	Cap SMD 470NF±10%/50V X7R 0805	1	C_4
10	电容	Cap SMD 10UF±10%/25V X7R 0805	1	C_3
11	电容	NC	0	C_5
12	电容	金属薄膜电容 0.1UF ±10%/450V，P7.5mm	2	C_1，C_2
13	电容	电解电容/CD11GH 2.2uF±20% 400V 105℃（ϕ6.3×12）2000H	1	C_7
14	电容	电解电容/CD11GH 22uF±20% 160V 105℃（ϕ8×16）2000H	1	C_6
15	晶体管	Diode fast recovery SMD　ES1J　1A/1000V　SMA	1	D_7
16	晶体管	Diode fast recovery SMD　RS07M　0.7A/1000V　SOD-123	1	D_6

续表

序号	项目	新描述	数量	位置
17	晶体管	Standard silicon rectifierdiodes SMD M7 1A/1000V SMA	5	D_1, D_2, D_3, D_4, D_5
18	芯片	IC Controller H018 SO-8	1	U_1
19	磁性元件	Chock inductance DR6×8 3mH	1	L_1
20	磁性元件	Power transformer，EE10 4+4PIN 1.4mH ±5% （线径φ0.18mm 285T）（TT-108130-HT）	1	L_3

7）PCB 排版设计。

PCB 排版图和驱动电源实物图分别如图 3-18 和图 3-19 所示。

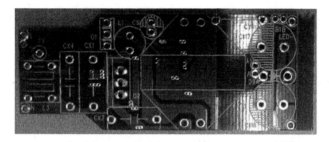

图 3-18 PCB 排版图

图 3-19 15W LED 驱动电源实物图

3. LED 球泡灯驱动电源测试

（1）电源效率测试

按表 3-9 所示参数测试驱动电源效率，并绘制和分析效率与负载的曲线图。

表 3-9 电源效果测试

输入电压（220V）		
LED 灯数	输出电压	效率/%
50		
38		
30		

（2）功率因数测试

按表 3-10 所示参数测试驱动电源功率因数测试，分析判断是否符合能源之星要求。

表 3-10　功率因数测试

输入电压/V	PF 值		
	带载（30 灯）	带载（38 灯）	带载（50 灯）
110			
220			
264			

（3）负载调整率

按表 3-11 所示参数测试驱动电源的负载调整率，计算并分析 LED 输出电流随负载变化调整范围。

表 3-11　负载调整率测试

LED 灯数	输出电流 I_o/mA			输出电压
	输入电压 176VAC	输入电压 220VAC	输入电压 264VAC	
50				
38				
30				
负载调整率				

任务 2　LED 球泡灯的装配

1. 准备工作

1）设备：上灯头机（冲针机）、工作台、测试夹具、热缩枪。

2）材料：15WLED 球泡灯驱动电源 BOM 套料。

3）工具：电烙铁、防静电环、热熔枪。

2. 15W LED 球泡灯的电子装配作业步骤

（1）作业流程

电源板安装→焊接灯头→安装 LED 灯板至散热器→焊接灯板电源线→固定灯板与锁紧灯头→安装灯罩→测试与包装。

（2）作业步骤

1）电源安装。将安装有热塑管的电源板装入外壳，如图 3-20 所示。

图 3-20　安装电源

2）安装灯头。如图 3-21 所示，将电源线折叠压在灯座上，装入灯头顺时针将其拧紧，自检通过后流入下一工序。

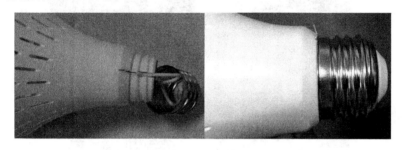

图 3-21　安装灯头

3）安装灯板。将电源板（注入硅胶并封烤后）盖锁紧，将装好灯板的散热器与锁好电源盖的外壳对位安装，如图 3-22 所示，将电源线从散热器中孔引出。

4）焊接灯板。将电源线焊接于灯板，红"＋"黑"－"，检查焊点是否牢固，有无假焊，拉尖等不良现象，如图 3-23 所示，自检通过后流入下一工序。

图 3-22　安装 LED 灯板　　　　　　　　图 3-23　焊接电源线

5）固定灯板与锁紧灯头。如图 3-24 所示，取 3PCS PA2.8×15 螺丝放入灯板与外壳螺丝连接孔位对好位；调整好电批力矩，将其锁紧。将其放入测试夹具点亮，再放入冲针孔将灯头铆紧。

图 3-24　固定灯板与锁紧灯头

6）安装灯罩。如图 3-25 所示，将透光罩与散热器对位装入，将其顺时针转动，使透光罩与散热器卡座紧扣，并准备打标识。

放入球泡准备打标　　　　　　　　检查打标内容

图 3-25　装灯罩与打标识

7）测试。如图 3-26 所示，注意测试的结果应符合测试参数表（表 3-12）的要求。

表 3-12　测试参数表

型号	功率范围/W
3W LED 球泡灯（220V AC ）	2.1～2.5
5W LED 球泡灯（220V AC ）	3.8～4.2
7W LED 球泡灯（220V AC ）	6.1～6.6
7W LED 球泡灯（120V AC 60Hz）	7±0.5
9W LED 球泡灯（120V AC 60 Hz）	9.5±0.5
10.5W LED 球泡灯（220V AC60Hz）	9.5±1

球泡放入测试夹具　　　　　点亮测试中观察功率电压

图 3-26　测试

8）包装。取吸塑罩包装好的产品装入加工好的彩盒内；装入时，球泡灯灯罩朝上，吸塑罩两边缘棱条在彩盒的四角。吸塑罩装到位后，盖好盒盖；自检通过后流入下一工序；最后装入卡通箱，如图 3-27 所示。

装入吸塑罩的球泡　　　加工好的彩盒　　　球泡入彩盒　　　图盖好彩盒盖

图 3-27　包装

拓展与练习

LED 驱动电源生产流程及电源安全标准

1. LED 驱动电源生产流程

LED 驱动电源生产流程图如图 3-28 所示。

2. 电源的安全论证知识介绍

LED 驱动电源板，在标准认证和质量认证过程中，主要根据出口地要求进行相关资质认证，如产品独立外销或者产品是外置电源，则需要认证的项目较多，也较全面；如给国内整机灯具产品配套，则根据灯具产品生产商的要求，做相关认证，一般认证项目相对少些，整机灯具厂商往往会以成品形式进行再次认证。

下面是 LED 驱动电源板主要的认证标准，一般情况下，大多数的 LED 驱动电源板生产商会将 CE\EMC\RoHS 等先进行认证，再根据实际需要进行相关认证。

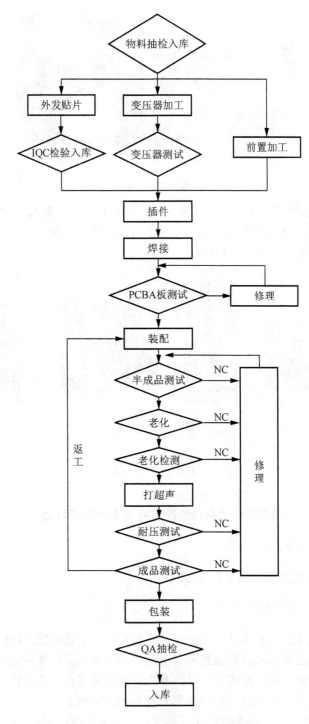

图 3-28　LED 驱动电源生产流程图

（1）中国标准

中国标准一般采用 CCC 认证（China Compulsory Certification，3C 认证），英文缩写 CCC。3C 认证即"中国强制认证"，它是政府为保护消费者人身安全和国家安全、加强产品质量管理、依照法律法规实施的一种产品合格评定制度。

（2）欧盟标准

CE 欧盟产品符合指令"CE"标志是一种安全认证标志，被视为制造商打开并进入欧洲市场的护照。CE 代表欧洲统一（Conformite Europeenne）。凡是贴有"CE"标志的产品就可在欧盟各成员国内销售，无须符合每个成员国的要求，从而实现了商品在欧盟成员国范围内的自由流通。

GS 是德语"Geprufte Sicherheit"，含义为安全性已认证，也有"Germany Safety"（德国安全）的意思。GS 认证以德国产品安全法（GPGS）为依据，按照欧盟统一标准 EN 或德国工业标准 DIN 进行检测的一种自愿性认证，是欧洲市场公认的德国安全认证标志。

RoHS 是由欧盟立法制定的一项强制性标准，它的全称是《关于限制在电子电器设备中使用某些有害成分的指令》（Restriction of Hazardous Substances）。

（3）美国标准

FCC 联邦通信委员会（FCC）由 COMMUNICATIONACT 建立，是美国政府的一个独立机构，直接对国会负责。FCC 通过控制无线电广播、电视、电信、卫星和电缆来协调国内和国际的通信。

UL 是美国保险商试验所（Underwriter Laboratories Inc.）的简写。UL 安全试验所是美国最有权威的，也是世界上从事安全试验和鉴定的较大的民间机构。它是一个独立的、非营利的、为公共安全做试验的专业机构。它采用科学的测试方法来研究确定各种材料、装置、产品、设备、建筑等对生命、财产有无危害和危害的程度。

（4）EMC 认证（电磁兼容性）

EMC（电磁兼容性）的全称是 Electro Magnetic Compatibility，其定义为"设备和系统在其电磁环境中能正常工作且不对环境中任何事物构成不能承受的电磁干扰的能力"。该定义包含两个方面的意思，首先，该设备应能在一定的电磁环境下正常工作，即该设备应具备一定的电磁抗扰度（EMS）；其次，该设备自身产生的电磁骚扰不能对其他电子产品产生过大的影响，即电磁干扰（EMI）。

（5）日本标准

日本有 S 标志和 PSE 标志，一般认证很少，除非特殊要求，大多情况下欧美标志可达到要求。

（6）相关标准

1）北美（美国和加拿大）UL/ETL 认证标准：UL8750，UL1310。

2）欧洲 GS/CE/EMC 认证标准：EN61347-1/-2-13、EN55015、EN61547、EN61000-3-2/-3-3。

3）澳洲（澳大利亚和新西兰）SAA/C-Tick 认证标准：AS/NZS61347.1/.2。

4）日本 PSE 安规和 EMC 标准：IEC/J55015，IEC/J61347。

5）中国 CCC/CQC 标准 GB7000，GB17743，GB17625。

3. LED 驱动电源的安规要求

1）安规标准。

欧盟标准 EN61347-2-13、EN61347-1 与中国标准 GB19510.14、GB19510.1 都是等效采用 ICE 标准 IEC61347-2-13、IEC61347-1。

2）测试的主要内容包括标志，发热，触电保护，异常状态，结构、安全距离，接线端子，耐热、防火，接地，防潮与绝缘，对独立式 SELV 的 LED Driver 特殊要求，耐电压，故障测试。

练习与思考

（1）请简述 LED 球泡灯的特点与应用场合。

（2）LED 球泡灯的技术参数有哪些？

（3）简述 LED 球泡灯的结构。

（4）请说明内置电源的特点（以 H018 IC 为例）。

（5）LED 驱动电源安规要求的测试项目有哪些？

（6）试选用 H018 驱动 IC 设计 5WLED 球泡灯驱动电路。

考核与评价

任务实施完成后，要求每一位同学对任务完成情况总结并进行课堂交流分享。同时老师结合产品质量、班级纪律记录与各个小组的评价对每一位同学进行综合评价。详见学习任务学生综合评价表。

学习任务学生综合评价表

任务名称：_____

班级名称：_____ 学生姓名：_____ 所属小组：_____ 岗位名称：_____

项目名称	评价内容	配分	评价分数		
			自评	组评	师评
职业素养 40%	劳动保护穿戴整齐，仪容仪表符合规范，文明礼仪	6分			
	有较强的安全意识、责任意识、服从意识	6分			
	积极参加教学活动，善于团队合作，按时完成任务	10分			
	能主动与老师、管理人员、小组成员有效沟通，积极展示工作进度成果	6分			
	劳动组织纪律（按照平时学习纪律考核记录表）	6分			
	学习用品、实训工具、材料摆放整齐，及时清扫清洁，生产现场符合 6S 管理标准	6分			

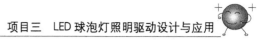

续表

项目名称	评 价 内 容	配分	评价分数		
			自评	组评	师评
专业能力 60%	上课能专心听讲，笔记完整规范，专业知识掌握比较好	12 分			
	技能操作符合规范，符合产品组装工艺，元器件识别正确、有质量意识	18 分			
	勤学苦练、操作娴熟，工作效率高，总结评价真实、合理、客观	12 分			
	电子产品的验收质量情况（参照企业产品验收标准及评分表）	18 分			
总 分					
总评	自评×20%＋组评×20%＋师评×60%＝		综合 等级	教师（签名）： 年 月 日	

注：学习任务评价按自我评价、组长评价和教师评价 3 种方式，考核分为：A（100～90）、B（89～80）、C（79～70）、D（69～60）、E（59～0）5 个级别。

项目四　LED日光灯照明驱动设计与应用

学习目标

1. 熟悉 LED 日光灯管的特点与应用场合；
2. 掌握 LED 日光灯管的结构组成与安装方法；
3. 掌握 LED 日光灯管的技术参数与节能效果；
4. 熟悉 LED 日光灯管驱动电路的工作原理与基本设计方法；
5. 熟悉 LED 日光灯管的电子组装方法。

随着 LED 日光灯管技术的不断成熟，越来越多的超市、学校、医院、办公大楼、地下停车场等纷纷进行节能改造或者使用 LED 日光灯作为日常照明。本项目就是结合市场常用的 LED 日光灯规格与特点、技术参数与相应的驱动电源方案和 LED 日光灯产品电子组装进行学习。

相关知识

知识1　LED日光灯照明应用、节能分析与标准

1. 应用场合

LED 日光灯因为本身的许多优点近几年来被人们认识，随着 LED 光效的不断提高、电源驱动方案与 LED 日光灯散热结构的完善、成本的整体下降，LED 日光灯逐步取代了传统的荧光节能灯而被用于以下场合。

1）超市商场（尤其冷柜）。无红外，不发热，环保。显色性好，还原商品真实颜色，在 LED 光源照射下商品不发热。

2）工厂流水线。目前 LED 日光灯管完全符合一般生产国家标准（GB 50034-2013）照度 100~300 勒克斯（lx）的要求，不需要维护，相比传统日光灯管，由于无频闪和无辐射，对员工的眼睛和身体是一种保护。

3）学校、办公场所。安全可靠，无闪烁，光线柔和纯正，有效缓解视觉疲劳和保护眼睛。无紫外线辐射，对人体皮肤无伤害。

4）在医院、市政大楼、广场、停车场等长时间照明场所及难维护的场所使用。

2. LED 日光灯照明应用的节能对比分析

LED 日光灯节能计算（以 1000 支每天点灯 10 小时计算）。

（1）传统荧光粉日光灯（40W＋镇流器 6W，光通量 1400lm，电感整流器功率因数 0.5）

传统荧光灯总消耗功率为

$$总功率＝(40W(灯管)＋6W(镇流器功耗))×1000＝46000W＝46kW$$
$$每月耗电＝46kW×10 小时×30 天＝13800 度$$

按每度 1 元计算 46kW 荧光灯总电费为 13800 元。

（2）LED 日光灯管（16W，光通量 1500lm，功率因数 0.9）

LED 日光灯总消耗功率为

$$总功率＝16×1000 支＝16000W＝16kW$$
$$每月耗电＝16×10 小时×30 天＝4800 度$$

按每度 1 元计算 16kW LED 日光灯总电费为 4800 元，每月节省 9000 元。

（3）收回采购成本周期分析

按 16WLED 灯管价格 55 元计算，购置 1000 支 LED 成本 55000 元，收回成本时间 6.1 个月，即半年多一点就可收回成本。

3. LED 日光灯标准要求的主要内容

（1）安全

1）LED 日光灯在标称的额定电源电压及额定频率下应能长期、可靠、正常地工作，并对使用者和环境不产生危害。

2）LED 日光灯一般的性能、安全及相应的试验要求应符合 GB 7000.1-2007 的规定。LED 日光灯的控制装置安全及性能要求应符合 GB 19510.14-2009 及 GB/T 24825-2009 的规定。

3）LED 日光灯的 LED 模块安全及性能要求应符合 GB 24819-2009 及 GB/T 24823-2009 的规定。

4）LED 日光灯的灯座/连接器安全要求应符合 GB 19651.3-2008 的规定。

5）LED 日光灯的光生物安全要求应符合 IEC 6247 及相应的国家标准的规定。

（2）电磁兼容性

1）LED 日光灯的电磁兼容要求应符合 GB 17743-2007 和 GB 17625.1-2012 的规定。

2）输入电流谐波应符合 GB 17625.1-2012 的规定。

3）电磁兼容抗扰度应符合 GB/T 18594-2001 的规定。

（3）灯具电性能

LED 日光灯在标称的额定电源电压及额定频率下，正常开启并保持燃点。LED 日光灯在标称的额定电源电压及额定频率下工作时，其实际消耗的功率与额定功率之差不

应大于 10%，功率因数不应小于 0.75。

（4）寿命

LED 日光灯的额定寿命不应低于 30000h。

（5）主要光参数

1）显色指数 Ra≥70。

2）初始光效（不带面罩）lm/W≥90。

3）初始光通量 lm 不低于额定值 90%。

4）色温：冷白 RL（3300K＜色温≤6500K），暖白 RN（色温≤3300K）。

5）光通量维持率：2000h 维持率≥95%，5000h 维持率≥90%。

6）噪声。LED 日光灯应能保证额定工作条件下。稳定工作时，其噪声功率不大于 45dB（A）。

7）散热。LED 日光灯的散热性能应能保证额定工作条件下，稳定工作时，对称中心位置的 LED 的结温不超过 60℃。

8）检验方法如下：

① 外形尺寸。灯的外形尺寸应采用通用量具或界现量规检查，在测量灯的直径时，量具的精度不应低于 0.1mm；在测量灯的长度时量具的精度不应低于 0.2mm。

② 外观。灯的表面划伤及平整光洁性等表面质量用目视法检查。灯的零件的定位安装、牢固性，松动及转动件灵活性、连接部位等质量采用对照样品及转动连接部位等方式检查；成品灯头上的插脚的扭曲性检查采用目视进行检查。

知识 2　LED 日光灯的规格、结构、技术参数与安装

1. LED 日光灯管的市场常见规格、结构组成

（1）常见规格

LED 日光管是第四代新型固态光源，主要是为了替代已经普及的 T5、T8、T10 日光灯，因此，其结构尺寸和现在的日光灯是一致的。常用的灯管型号依据现有日光灯管的型号来标称（"T"，代表 "Tube"，表示管状的，T 后面的数字表示灯管直径。T8 就是有 8 个 "T"，一个 "T" 就是 1/8 英寸。一英寸等于 25.4 毫米。那么每一个 "T" 就是 25.4÷8＝3.175mm，T12 灯管的直径就是(12÷8)×25.4＝38mm）。

常用 LED 日光管的长度有 0.6m、0.9m、1.2m、1.5m 等。

传统的荧光日光灯管有 T8 20W/30W/40W 规格，T5 14W/28W/35W 规格等，如图 4-1 所示。LED 日光灯有 T8 8W/16W/20W 等，如图 4-2 所示。

（2）灯管结构

1）全塑灯管。早期的 LED 灯管采用的都是 PC 管，主要原因是早期的 LED 灯管驱动电源采用的是非隔离电源，为了防止驱动电源通过外壳漏电而采用 PC 管。另外，采

用的灯珠是ϕ5DIP 草帽灯珠。这种灯管的光衰很严重，带来严重的散热问题，热量全部堵在管内无法散出去，再加上草帽灯珠的寿命本来就短，灯管的使用具有明显的局限。所以，目前市场上基本上都采用贴片灯珠作为光源。为了降低成本，省去 SMT 工序，有些厂家的 LED 灯板采用了 COB 封装，直接将多颗小功率 SMD LED 焊接到铝基板上。

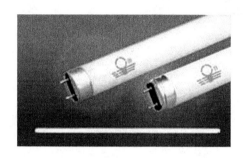

图 4-1　传统荧光灯管

图 4-2　LED 日光灯

2）PC＋散热铝结构。在全 PC 灯管的散热问题被发现后，研发工程师们针对这一现象对灯管的结构重新设计，而以 PC＋散热铝＋铝基板组成的 LED 铝塑管因其具有散热性能好、光线分布均匀、不易变形等特点而成为目前市场上主流产品，如图 4-3 所示。目前，PC 管已经渐渐淡出市场，还有一种玻璃灯管因其散热效果和 PC 管一样，且易碎、不易运输已经被市场所淘汰。

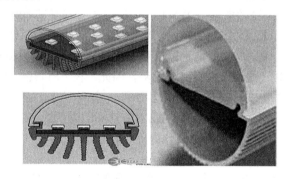

图 4-3　PC＋散热铝结构

3）LED 日光灯结构。LED 日光灯管由电源、LED 光源灯板、PC＋散热铝外壳、堵头组成，如图 4-4 所示。

① 驱动电源。为 LED 正常工作提供恒定的电流，通常有隔离和非隔离之分。

② 灯板。焊接了 LED 的铝制板，是整个灯具的发光体，根据所搭配的驱动器分为隔离和非隔离两种（其区别就是 LED 灯珠的串并数不一样。）

③ PC＋散热铝外壳。PC 罩的功能是保护 LED 灯珠和扩光分为透明罩和扩光罩。散热铝外壳是整个结构的载体，为驱动器提供保护，提供堵头、PC 罩连接口，主要功能就是为 LED 灯珠散热。

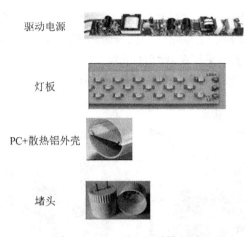

驱动电源

灯板

PC+散热铝外壳

堵头

图 4-4　LED 日光灯结构组成

④ 堵头，为整个灯具提供 AC 电源输入端。

4）LED 日光灯驱动电源分类。

① 非隔离式电源。非隔离是指在负载端和输入端有直接连接，因此触摸负载就有触电的危险，因为非隔离的电源会把交流电源的高压引入到负载端，从而引起触电的危险。通常 LED 和铝散热器之间的绝缘只靠铝基板的印制板的薄膜绝缘。虽然这个绝缘层可以耐 2000V 高压，但有时螺丝孔的毛刺会产生所谓的爬电现象，因此，在安全上存在巨大隐患。非隔离式电源电源效率高，成本低，但使用该方案时需要对电源板做绝缘处理。

② 隔离式电源。隔离式是指在输入端和输出端有隔离变压器隔离，这种变压器可能是工频也可能是高频的，但都能把输入和输出隔离起来，可以避免触电的危险。由于隔离式开关电源在电气安全上占有绝对优势，因此，在 LED 照明领域得到了广泛应用，但是由于隔离式开关电源比非隔离电源多加了一个变压器，而且变压器的体积也比较大，因此，LED 灯管内置隔离电源受到成本和空间的制约。

LED 日光灯电源又可以按照需要分内置与外置电源。

5）LED 日光管灯板常用的板材。

① 玻纤板（FR4）。玻纤板是采用玻璃纤维布制成的，玻纤布基板的机械性能、尺寸稳定性、冲击性、耐湿性都比较高。其电气性能优良，工作温度较高，本身性能受环境影响小。相对于铝基板来说，其成本要比铝基板低，但在散热方面却远不如铝基板。

② 铝基板。铝基板是一种独特的金属基覆铜板，它具有良好的导热性，其电气绝缘性能和机械加工性能比不上玻纤板。

③ 陶瓷基板。陶瓷基板是指铜箔在高温下直接键合到氧化铝（Al2O3）或氮化铝（AlN）陶瓷基片表面（单面或双面）上的特殊工艺板。所制成的超薄复合基板具有优良电绝缘性能，高导热特性，优异的软钎焊性和高附着强度，并可像 PCB 板一样能刻蚀出各种图形，具有很大的载流能力。由于陶瓷基板散热特色，加上陶瓷基板具有高散热、低热阻、寿命长、耐电压等优点，随着生产技术、设备的改良，产品价格加速合理化，进而

扩大 LED 产业的应用领域。陶瓷基板的开发成功使 LED 产业未来的市场领域更宽广。

6）LED 日光灯板的灯珠选用和串并接方法。

由于 LED 日光管主要代替原 T5、T8、T10 日光灯，为了其发光效果与原来的日光灯一样，所以其灯板采用多颗小功率的 LED 灯珠串并联以得到人们想要的功率。目前，市场上常用作日光管的灯珠有 3014、3528、5630 等。其串并计算如下。

常用单颗灯珠功率：3014　0.1W、3528　0.06W、5630　0.4W 此值只做参考实际数值以厂家规格承认书为准。LED 单颗灯珠正向电压一般为 3.1～3.3V（列阵的除外）。

例如，一灯板用 180 颗 3014 做成 20 串 9 并，其各灯板参数计算如下。

灯板总功率：　　$P_总 = 0.1W \times 180 = 18W$

单颗 LED 电流：　$I_1 = 0.1W/3.2V \approx 30mA$

灯板总电流：　　$I = 30mA \times 9 = 270mA$

灯板总电压：　　$V = 3.2V \times 20 = 64V$

2．LED 日光灯技术参数与特点

（1）LED 日光灯的特点

1）100～240V 的宽电压电压输入适合全球市网电压、高功率因数和 90%以上的效率让产品更节能、带电路异常保护。

2）LED 灯珠的高光效（如单颗 LED 可达 9lm 左右，$P = 0.06W$）、高显指（显色指数高达 85 以上）、长寿命。

3）PC 罩采用的是高扩光性材料、独特的卡扣式结构让 PCB 板与铝型材的贴合更为紧密，独特的扩光结构更有效地将光加以利用，使产品的出光更为均匀、亮度更高、无光斑。

4）铝型材采用的高导热 6063 铝，型材的最薄处大于 0.8mm，具有厚重的质感、良好的抗扭曲变形能力。

（2）LED 日光灯技术参数

一般 LED 日光灯管应具有表 4-1 所示技术参数（16W 为例）。

表 4-1　16W LED 日光灯参数

型　　号	DD-TL16D
输入电压	AC 90～264V
频率范围	50～60Hz
LED 颗数	252PCS
额定功率	16W
灯具光通量	900～1200lm
中心照度	200～300lx
色　　温	2700～6500K
显色指数	Ra≥75

型　　号	DD-TL16D
功率因数	PF≥0.9
工作环境温度	−20～40℃
工作环境湿度	≤95% RH
储存温度	−40～75℃
工作寿命	≥35000h
灯体材料	AL6063＋PC
外形尺寸	Φ26mm×1200mm
净　　重	0.43kg

3. LED 日光灯管的替换与安装

LED 日光灯管的替换与安装如图 4-5 所示。

LED 日光灯（电源内置）的安装方法如下：

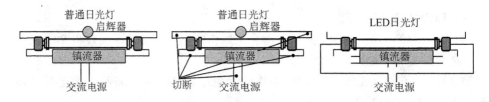

（a）电感式日光灯安装方式

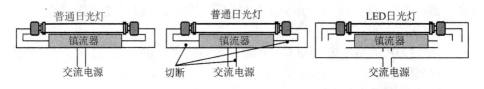

（b）电子式日光灯安装方式

图 4-5　LED 日光灯安装方法

1）电感式荧光灯替换。将启辉器取下后，直接安装 LED 日光灯。

2）电子式荧光灯替换。去掉电子镇流器，零线和火线分别接到灯座的两头。

注意：

1）LED 日光灯管和其所有配件不能够承受任何机械压力。

2）LED 日光灯管必须由熟悉电工知识的专业人士来安装。

3）在安装时请切断总电源开关或者分开连接导线。

4）安装时请不要损坏导电极。

5）请确保产品安装在稳定、平坦、倾斜固定的地方。

6）灯管避免安装在潮湿很重和高温的地方。

知识3 LED日光灯驱动电路设计

设计规格：22个LED串联，15串并联，驱动330个60mW的白光LED，每串的电流是17.8mA。设计输出36～80V/250mA。

1. 驱动电路原理图设计

采用PT4107驱动芯片作为LED日光灯驱动电源的主芯片，设计驱动电路方案如图4-6所示，电路图设计如图4-7所示。驱动电路由抗浪涌保护、EMC滤波、全桥整流、无源功率因素校正（PFC）、降压稳压器、PWM LED驱动控制器、扩流恒流电路组成。

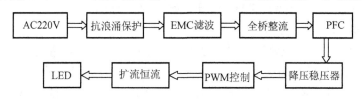

图4-6 20W LED日光灯驱动电路方案

（1）电源输入电路设计

电源输入部分在整流电路前采用共模线圈L_1、L_2和差模电容C_{X1}组成简洁电源滤波器，节约成本，能有效抑制EMC干扰，滤除掉传导干扰信号和辐射噪声。X电容器选用耐压AC275V0.1电容，共轭线圈优先选用高导磁率微晶材料磁芯制作的产品，电感量在10～30mH内选取，提高滤波效果，电感量应尽量选较大的值。输入端接入抗浪涌负温度系数热敏电阻NTC，NTC选用300ohm/0.3A热敏电阻，防雷击等浪涌点流冲击。

全桥整流器BD_1，主要进行AC/DC变换，因此需要给予1.5系数的安全余量，选用单相0.8A，峰值反向耐压600V的玻璃钝化整流桥BDS6。

（2）PFC设计

桥式整流器整流后输出的电流是脉动直流，电流不连续，谐波失真大，功率因数低。为了提高功率因素，在整流器后设计低成本的无源功率因数补偿电路，利用填谷原理进行补偿。系统的功率因数从0.6提高到0.85。

（3）PT4107供电电路设计

PT4107供电电路设计采用简单的RC滤波电路产生16～20V供电电压。

（4）镇流功率电感设计

镇流功率电感L_2与Q_1 MOS管，以及R_9、R_{10}、R_{11}、R_{12}并联的电流采样电阻是此电路恒流输出的三大关键元件。镇流功率电感L_3要求Q值高、饱和电流大、电阻小。L_2电感选用标称3.9mH EEC13磁芯的磁路闭合电感器，不要使用工字磁芯电感器，因其磁路是开放的，当使用工字磁芯电感器的电源驱动板进入半铝半PV塑料灯管时，由于金属铝能使其磁路发生变化，往往会使已调试好的电源驱动板输出电流变小。

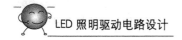

（5）续流二极管

续流二极管 D_4 一定要选用快恢复二极管，而且续流二极管通过的电流应是 LED 光源负载电流的 1.5～2 倍，本电路要选用 1A 的快恢复二极管。

（6）PT4107 开关频率设定

PT4107 开关频率的高低决定功率电感 L_2 和输入滤波电容器 C_1、C_2、C_3 的大小，开关频率高了，可以选用更小体积的电感器和电容器，但 Q_1 MOSFET 管的开关损耗也将增大，会导致效率下降。因此，对 AC220V 的电源输入来说，50～100kHz 是比较适合的。PT4107 开关频率设定电阻 R_7 计算公式为

$$R_7 = \frac{25000}{f}(k\Omega)$$

本电路 R_7 选择为 470kΩ，PT4107 开关频率为 $f = 53.2\text{kHz}$。

（7）MOSFET 管的选择

MOSFET 管 Q_1 是本电路输出的关键器件，要求 RDS（ON）要小，它工作时功耗也就小，耐压要高，要防止高压浪涌被击穿。PT4107 芯片内部设置了 400ns 的采样延迟时间。本电路 Q_1 选用了 RDS（ON）为 1.4Ω，耐压 VBR 为 500V 的高速 MOSFET 开关管。

（8）电流采样电阻

电阻 R_9、R_{10}、R_{11}、R_{12} 并联作为采样电阻，这样可以减小电阻精度和温度对输出电流的影响，并且可以方便地改变其中一个或几个的阻值，达到修改电流的目的。电流采样电阻 R_9～R_{12} 的总阻值按整个电路的 LED 光源负载电流为依据来计算为

$$R = \frac{V_{\text{ref}}}{I_{\text{LED}}} = \frac{275\text{mV}}{I_{\text{LED}}} = \frac{0.275}{I_{\text{LED}}}(\Omega)$$

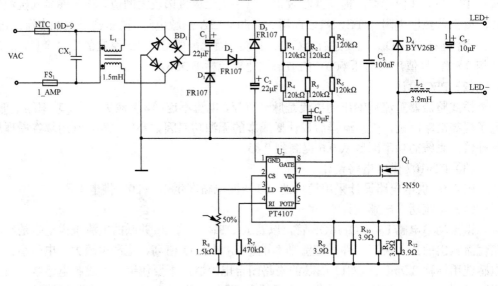

图 4-7　20W LED 日光灯驱动电原理图

2. 工作原理分析

交流市电入口接有 1A 保险丝 FS_1 和抗浪涌负温度系数热敏电阻 NTC。之后是 EMI 滤波器，由 L_1 和 C_{X1} 组成。BD_1 是整流全桥，内部是 4 个高压硅二极管。C_1、C_2、$D_1\sim D_3$ 组成无源功率因数校正，目的是使得输入电压与电流尽可能同相位，提高功率因数。PWM 控制芯片 U_1（PT4107）和功率 MOS 管 Q_1、镇流电感 L_2、续流二极管 D_4 组成 BUCK 降压变换器电路，U_1 采集传感电阻 $R_9\sim R_{12}$ 上的峰值电流，由内部逻辑控制 GATE 脚信号的脉冲占空比进行恒流控制。芯片由 $R_1\sim R_6$、C_4 组成的电子滤波器降压后供电，能提供约 16V 稳定电压，确保芯片在全电压范围里稳定工作。R_7 是芯片振荡电路的一部分，改变它会调节振荡频率。电位器 RT 在本电路中不是用来调光，而是用来微调恒流源的电流，使电路达到设计功率。

3. PT4107 驱动芯片介绍

PT4107 是一款高压降压式 LED 驱动控制芯片，内部框图如图 4-8 所示，芯片引脚功能参见表 4-2。PT4107 能适应 18～450V 的输入电压，可以在 25～350kHz 的频率内，控制外部功率 MOS 管的导通，以恒流的方式可靠地驱动 LED。频率可以通过外部电阻来设定，独有的峰值电流控制模式可以保证在很大的输入和输出变化范围内，通过选用适当的阻流电阻，有效稳定 LED 电流。PT4107 提供线性调光功能，在线性调光输入端施加电压就可以方便地控制流过的 LED 电流，从而达到线性改变 LED 亮度的目的。此外，PT4107 也支持低频可变占空比的数字脉冲调光方式。通过频率抖动来降低 EMI 的干扰，并具有过温检测功能。

通过外部电阻和内部的齐纳二极管，可以将经过整流的 110V 或者 220V 交流电压位于 20V，当 N 上的电压超过欠压闭锁阀值后，芯片开始工作，按照峰值电流控制的模式驱动外部的 MOSFET。在外部 MOSFET 的源端和地之间接入电流采样电阻。该电阻上的电压直接传递 PT4107 到芯片的 CS 端。当 CS 端电压超过内部的电流采样阀值电压后，GATE 端的驱动信号终止，外部 MOSFET 关断，阀值电压可以由内部设定，或者通过 LD 端施加电压来控制。如果要求软启动，可以在 LD 端并联电容，以得到需要的电压上升速度，并和 LED 电流上升速度一致。

表 4-2　PT4701 引脚功能

序号	引脚名称	描述
1	GND	芯片地
2	CS	LED 电流采样输入端
3	LD	线性调光输入端
4	RI	振荡电阻输入端
5	R_{OTP}	过温保护电阻设定端

续表

序号	引脚名称	描述
6	PWMD	PWMD 调光输入端，兼做使能端，芯片内部有 100kΩ 上拉电阻
7	VIN	芯片电源
8	GATE	驱动外部 MOSFET 栅极

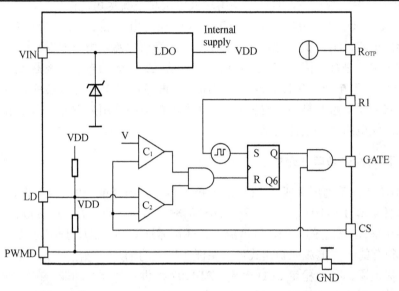

图 4-8　PT4701 芯片内部框图

知识 4　市场常见品牌 LED 日光灯驱动电源规格与特点介绍

目前市场常见电源品牌有深圳茂硕、中国台湾明纬、惠州德亿电子等。

1. 内置电源的特点

1）符合安规。
2）符合 ROHS。
3）全电压范围。
4）PFC 与效率高。
5）安全与保护功能完善。
6）保质期长。

2. 常见型号规格与主要参数

LED 日光灯电源主要规格按功率分有 9W、16W、21W 等。主要技术参数包括输出电压、输出电流、功率因数、效率、谐波失真（THD）、寿命。

任务实施

任务 1　17W LED 日光灯驱动电源设计与测试

1. 任务描述

设计一款基于 BP2822 驱动芯片的 17WLED 日光灯电路，并进行电气性能测试，完成 LED 日光灯灯具组装任务。

设计规格如下。

输入电压：176～264VAC；

输入频率：47～63Hz；

输出电压：37～75V；

输出电流：240mA。

2. 驱动电源设计方案

（1）驱动电路原理图设计

按驱动电源设计规格要求，本电源方案选用上海晶丰明源半导体有限公司驱动芯片 BP2822 设计，BP2822 是一款高精度的 LED 恒流控制芯片，应用于非隔离的降压型 LED 电源系统，适合全范围的交流电压输入或者 12～600V 的直流电压输入。BP2822 内部集成 600V 功率 MOSFET，只需要很少的外围元件，即可实现优异的恒流特性。基于驱动芯片 BP2822 非隔离型的驱动电路方案原理图如图 4-9 所示。

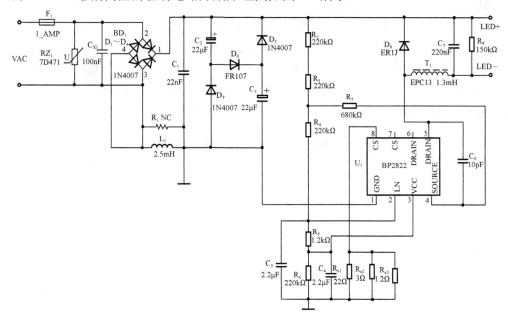

图 4-9　17W 日光灯非隔离驱动电源原理图

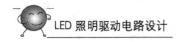

（2）工作原理分析

AC 输入经 F_1 保险，R_{Z1} 压敏电阻（防浪涌电压），BD_1（$D_1 \sim D_4$）桥式整流，C_{X1}、L_1、C_1 组成的 EMI 滤波器，C_2、C_3、$D_5 \sim D_7$ 组成的无源 PFC 功率因数校正电路，加到由 BP2822 组成的 DC-DC 降压式变换器电路（非隔离）。其中 D_8 续流二极管、T_1 镇流电感、C_7 输出滤波、R_8 假负载。$R_{s1} \sim R_{s3}$ 采样电阻，接驱动 IC 的电流反馈输入端口 8 引脚，起到恒流控制目的。

电感峰值电流的计算公式为

$$I_{PK} = \frac{400}{R_S} \approx 480(mA)$$

式中：R_S 由 R_{S_1}，R_{S_2}，R_{S_3} 并联组成电流检测电阻，调整输出 LED 电流值。

LED 输出电流计算公式为

$$I_{LED} = \frac{I_{PK}}{2} = 240(mA)$$

设计的驱动电路输出 LED 驱动电路可达 240mA，最大可以驱动 17W 的 LED 日光灯。

（3）BP2822 驱动 IC 介绍

BP2822 是一款高精度的 LED 恒流控制芯片，应用于非隔离的降压型 LED 电源系统，适合全范围的交流电压输入或者 12～600V 的直流电压输入。BP2822 内部集成 600V 功率 MOSFET，只需要很少的外围元件，即可实现优异的恒流特性。BP2822 芯片内带有高精度的电流取样电路，同时采用了专利的恒流控制技术，实现高精度的 LED 恒流输出和优异的线性调整率。芯片工作在电感电流临界模式，系统输出电流不随电感量和 LED 工作电压的变化而变化，实现优异的负载调整率。 BP2822 采用专利的源极驱动技术，芯片工作电流只有 200μA，无需辅助绕组供电，简化设计，降低系统成本。 BP2822 具有多重保护功能，包括 LED 短路保护、电流采样电阻短路保护和芯片过温保护。BP2822 引脚功能如表 4-3 所示，图 4-10 是 BP2822 管脚封装和内部框图。

表 4-3　BP2822 芯片管脚描述

管脚号	管脚名称	功能描述
1	GND	芯片地
2	LN	线电压补偿输入端
3	VCC	芯片电源端，内置 12.5V 稳压管
4	SOURCE	内部高压 MOSFET 源极
5, 6	DRAIN	内置高压 MOSFET 漏极
7, 8	CS	电流采样端，接电流检测电阻到地

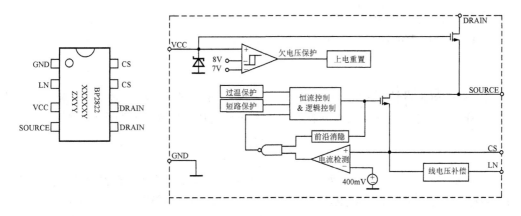

图 4-10　BP2822 管脚封装及内部框图

BP2822 典型应用原理图如图 4-11 所示。

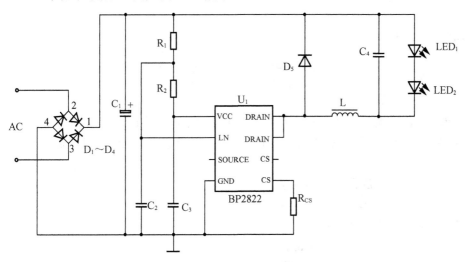

图 4-11　BP2822 典型应用电路原理图

1）系统启动电路。系统上电后，启动电阻 R_1、R_2 对 VCC 电容充电，当 VCC 电压达到芯片开启阈值时，芯片开始工作。BP2822 内置 12.5V 稳压管，VCC 电压被箝位到 12.5V。

2）LED 输出电流设置。CS 端连接到内部峰值电流比较器的输入端，与内部 400mV 阈值电压进行比较，当 CS 电压达到内部检测阈值时，功率管关断。CS 比较器的输出还包括一个 350ns 的前沿消隐时间。电感峰值电流的计算公式为

$$I_{PK} = \frac{400}{R_{CS}} (\text{mA})$$

式中：R_{CS} 为电流检测电阻阻值。

LED 输出电流计算公式为

$$I_{LED}=\frac{I_{PK}}{2}$$

3）储能电感设计。BP2822 工作在电感电流临界模式，当芯片输出脉冲时，外部功率 MOSFET 导通，流过储能电感的电流从零开始上升，功率管的导通时间为

$$t_{on}=\frac{L\times I_{PK}}{V_{IN}-V_{LED}}$$

式中：L 是电感的感量，I_{PK} 是流过电感的电流峰值，V_{IN} 是输入交流经整流后的直流电压，V_{LED} 是输出 LED 上的电压。当芯片输出脉冲关断时，外部功率 MOSFET 也被关断，流过储能电感的电流从峰值开始往下降，当电感电流下降到零时，芯片再次输出脉冲。功率管的关断时间为

$$t_{off}=\frac{L\times I_{PK}}{V_{LED}}$$

储能电感的计算公式为

$$L=\frac{V_{LED}\times(V_{IN}-V_{LED})}{f\times I_{PK}\times V_{IN}}$$

式中：f 为系统工作频率。

BP2822 的系统工作频率和输入电压成正比关系，设置 BP2822 系统工作频率时，选择在输入电压最低时设置系统的最低工作频率，而当输入电压最高时，系统的工作频率也最高。

（4）该设计 LED 日光灯驱动电源特点

1）应用简单，体积小。

2）总元件数少，成本低。

3）高效率（93.3%@220VAC，满载）。

4）高精度线性调整率（±0.8%@176～264VAC，满载）。

5）高精度负载调整率（±0.2%@220VAC，Vo：37～76V）。

6）高功率因数（0.914@220VAC，满载）。

7）具有多种保护功能，可靠性高。

（5）电源 PCB 布线与元件排板

电源 PCB 布线与元件排板如图 4-12～图 4-14 所示。

图 4-12 顶部布线图

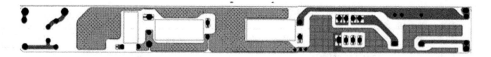

图 4-13　底部布线图

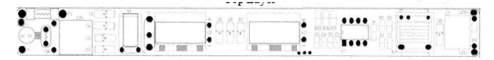

图 4-14　元件排板图

（6）T_1 变压器（作为储能电感）的结构设计与要求

1）磁芯采用 EPC13 骨架（5＋5），或 PC40 骨架。

2）变压骨架图如图 4-15 所示（EPC13 磁芯）。

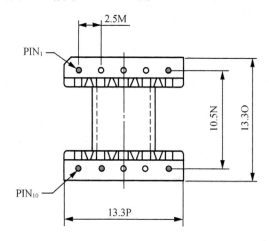

图 4-15　变压器骨架

3）绕线要求，如表 4-4 所示。

表 4-4　变压器绕线要求

技术参数 绕组	脚位	线径	匝数	电感量	磁芯	骨架
主绕组 P	1～5 脚	0.20mm	220Ts	1.3mH±5%	EPC-13	胶木
次级绕组 S						

主绕组 P，1 进 5 出，1 脚套绝缘胶带；绕完加绝缘胶带 2 层；1、5、6、9、10 引脚须留下用于定位。

（7）驱动电源元器件清单

驱动电源元器件清单如表 4-5 所示。

表 4-5 17WLED 日光灯驱动电源 BOM 清单

序号	元件类型	型号描述	数量	单位	位号
1	贴片电阻	1206-150.00k-5%-0.250W	1	Pcs	R_8
2	贴片电阻	0805-220.00k-5%-0.125W	4	Pcs	R_2, R_3, R_4, R_6
3	贴片电阻	0805-001.20k-5%-0.125W	1	Pcs	R_5
4	贴片电阻	0805-680.00k-5%-0.125W	1	Pcs	R_7
5	贴片电阻	1206-001.20R-1%-0.250W	1	Pcs	RS_3
6	贴片电阻	1206-003.00R-1%-0.250W	1	Pcs	RS_2
7	贴片电阻	1206-022.00R-1%-0.250W	1	Pcs	RS_1
8	电解电容	CAP-ELE-022.00u-250V-P5×Φ10×20	2	Pcs	C_2, C_3
9	贴片电容	CAP-SMD-0805-X7R-002.20u-10%-025V	2	Pcs	C_4, C_5
10	贴片电容	CAP-SMD-1206-X7R-010.00pF-10%-1000V	1	Pcs	C_6
11	薄膜电容	CAP-MPP-022.00n-400V-_P10	1	Pcs	C_1
12	薄膜电容	CAP-MPP-220.00n-400V-_P10	1	Pcs	C_7
13	贴片二极管	DIO-GEN-SMA-IN4007 1A-1000V	6	Pcs	D_1, D_2, D_3, D_4, D_5, D_7
14	贴片二极管	DIO-GEN-SMA-ER1J 1A-600V	1	Pcs	D_8
15	贴片二极管	DIO-GEN-SMA-FR107-01A-1000V	1	Pcs	D_6
16	压敏电阻	VAR-Φ7-470V-Φ07D-471K	1	Pcs	YM_1
17	安规电容	X2-100nF-10%-275VAC-P10	1	Pcs	CX_1
18	工字电感	LD-G8×10/2.5mH	1	Pcs	L_1
19	变压器	EPC13/1.3mH-220Ts-0.20mm	1	Pcs	T_1
20	保险丝	FUS-AXIAL2-1A-250V	1	Pcs	F_1
21	芯片	IC-BPS-BP2822_DIP8	1	Pcs	U_1

3. LED 日光灯驱动电源测试

（1）电源效率测试

按表 4-6 参数测试驱动电源效率，并绘制和分析效率与负载的曲线图。

表 4-6 电源效果测试

输入电压（220V）		
LED 灯数	输出电压	效率/%
40		
30		
26		

（2）功率因数测试

按表 4-7 参数测试驱动电源功率因数测试，分析判断是否符合"能源之星"要求。

表 4-7　功率因数测试

输入电压/V	PF 值		
	带载（26 灯）	带载（30 灯）	带载（40 灯）
110			
220			
264			

（3）负载调整率

按表 4-8 参数测试驱动电源的负载调整率，计算并分析 LED 输出电流随负载变化调整范围。

表 4-8　负载调整率测试

LED 灯数	输出电流 I_o/ mA			输出电压
	输入电压 176VAC	输入电压 220VAC	输入电压 264VAC	
26				
30				
40				
负载调整率				

任务 2　LED 日光灯的装配

1. 准备工作

1）设备：铆压机，工作台，PCBA（铝基板）分板机。

2）材料：LED 日光灯管 BOM 套料。

3）工具：电烙铁、防静电环、热熔枪。

2. LED 日光灯管的电子装配作业

（1）作业流程

点亮安装光源→焊接输出线→铝管铆压→固定灯头短路片→电源板缠马拿胶→电源板入保护套→打胶固定电源板保护套→引线从管内穿出→焊接光源组件输入线→安装 PC 罩→固定灯头短路片 L 端→固定灯管堵头→测试→包装。

（2）作业步骤

1）点亮与安装光源。如图 4-16 和图 4-17 所示，将光源板先点亮测试再插入铝凹槽（涂好散热油的基板）。

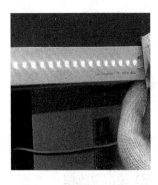
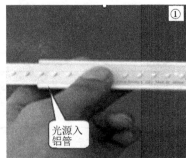

图 4-16 接通电源点亮 LED 　　　　　　图 4-17 光源板入铝凹槽

2）铝管铆压铝基板如图 4-18 所示，注意作业过程中，铆压夹具不能触碰到光源组件的灯珠芯片。

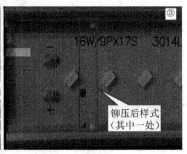

图 4-18 铝管铆压铝基板

3）焊接输出线。取加工好的带导线灯头短路片 1PCS，把其焊接于输入端 N，取 1100mm 红色线 1PCS，把其焊接于输入端"L"孔位置，如图 4-19 所示。

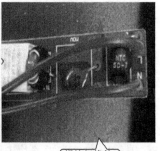

图 4-19 焊接 L、N 线

4）固定灯头短路片，如图 4-20 所示。将堵头放在加工夹具上固定，把短路片（N端）与堵头的螺丝孔对好位，将电批力度调整好，将两颗螺丝固定一半再锁紧。

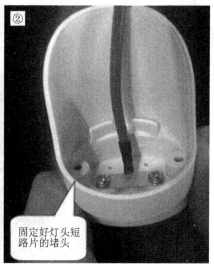

图 4-20 固定灯头短路片

5）电源板缠马拿胶。如图4-21所示，把焊接好的堵头组件（N端）电源线拉向电源板输出端。电源线拉平后，在变压器位置用马拿胶把电源线和电源板捆扎在一起（马拿胶捆扎1.4～2圈）。

图 4-21 电源板缠马拿胶

6）电源板入保护套，如图4-22所示。把电源板从输入端开始装入保护套，装入时先入（L）端电源线，再把电源板以PCB板底平贴装入保护套，装入时线不能在保护套内打折。以电源板输入端距保护套边缘4～10mm为装入标准。

图 4-22 电源板入保护套

7）打胶固定电源板保护套。如图 4-23 所示把电源板和保护套在其输出端保护套内打胶固定，刚打好胶的产品放在小风扇前冷却；待热熔胶固定后，自检通过后流入下一工序。

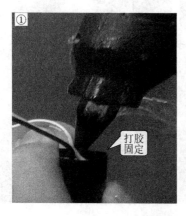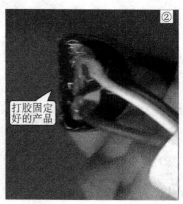

图 4-23　固定电源板保护套

8）引线从管内穿出。如图 4-24 所示，取组装好的电源板，用镊子夹住红色输入线短路片，装入铝管空槽内。装入时，电源板输入端先入，红色输入线从铝管另一端拉出使其不在铝管内打折。以输出端电源保护套与铝管平面平齐距离 4～10mm 为标准。

图 4-24　穿引线

9）焊接光源组件输入线。如图 4-25 所示，把电源板输出线焊接于光源组件的"＋/－"焊盘上。白色线焊接于"＋"极位置，黑色线焊接于"－"极位置。

注意：焊接时需保证焊点饱满、无拉尖、连锡等不良现象。

10）安装 PC 罩。如图 4-26 所示，检查上工序有无异常，电源线有无焊反，虚焊等。检查 PC 罩有无脏污异物等不良现象。将 PC 罩与铝管线槽对齐将其合拢。

注意：PC 罩要完全与铝管固定，不能有没合到位、PC 罩与铝管错位等不良现象。

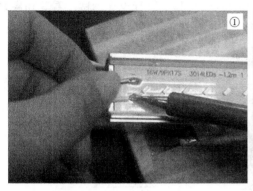

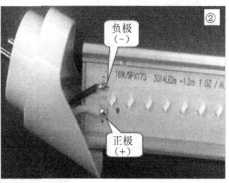

图 4-25　焊接光源模组输入线

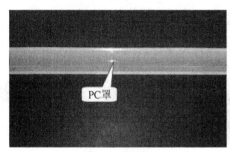

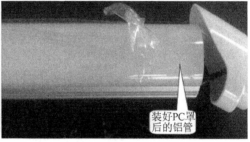

图 4-26　安装 PC 罩

11）固定灯头短路片 L 端。如图 4-27 所示，将堵头放在加工夹具上固定，把短路片（L 端）与堵头的螺丝孔对好位，将电批力度调整好，将两颗螺丝固定一半再锁紧。

注意：固定好后，灯头短路片不可以有松动现象。

图 4-27　固定灯头短路片

12）固定灯管堵头。如图 4-28 所示，将两头的堵头固定紧。

图 4-28　固定两头的堵头

13）测试。如图 4-29 所示，将产品放在测试夹具上进行点亮测试，看其功率是否正常，有无死机闪机等不良现象。

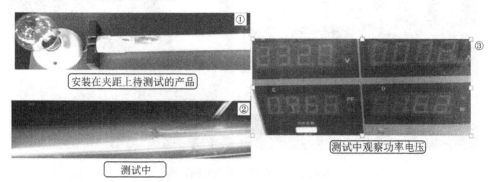

图 4-29　LED 日光灯管点亮测试

14）包装。如图 4-30 所示，灯管装入彩盒并入卡通箱。

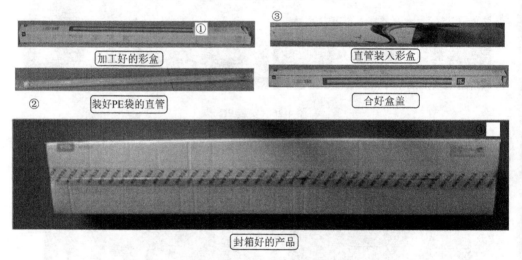

图 4-30　LED 日光灯管包装

（3）辅助工序介绍

辅助工序包括分板机工序与点导热硅脂工序。

1）分板机工序。在电子装配车间，在 LED 光源板进入装配线时，往往需要对 PCBA 进行分板作业，如图 4-31 所示。

操作步骤是：接通电源，打开机器电源开关；把需要分切的板的 V 槽对好定位刀，根据板的长度调好距离启动机器进行加工；分板时注意安全，手不能触摸刀片；加工完成后检查板有无损坏、切不断等不良现象。

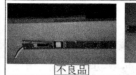

电源开关

电源板放入分板机分板

不良品　　合格品

分板后不良品与合格品对比

图 4-31　分板作业

2）点导热硅脂工序。在安装光源板之前需要在铝基板上涂上导热硅脂，如图 4-32 所示。把铝管入夹具固定槽内，盖好盖板，用手柄把盖板槽内的导热硅脂左端刮到右端，再从右端刮回到左端（右端距离以铝管长度为准）；打开盖板取出涂好硅脂的铝基板。

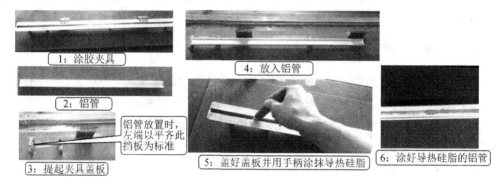

1：涂胶夹具

2：铝管

铝管放置时，左端以平齐此挡板为标准

3：提起夹具盖板

4：放入铝管

5：盖好盖板并用手柄涂抹导热硅脂

6：涂好导热硅脂的铝管

图 4-32　涂散热硅脂

拓展与练习

影响 LED 灯具品质的几大因素

1. 散热

LED 灯管的热量累计不仅影响 LED 的电气性能，还可能最终导致 LED 失效。因此，为了保证 LED 灯的寿命，散热成为白光 LED 应用的一个关键技术，减少或者迅速耗散 LED 产生的热量成为白光 LED 在应用设计方面的首要问题。

2. 光源材质

LED 属于点状光源，如果使用较差的 LED，那么 LED 在工作过程中会放出大量的热量，使管芯结温迅速上升，LED 功率越高，发热效应越大。LED 芯片温度的升高将导致发光器件性能的变化与电光转换效率衰减，严重时甚至失效。

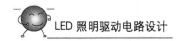

3. 驱动电源

LED 电源的质量直接制约了 LED 产品的可靠性。因此,国际市场上国外客户对 LED 驱动电源的效率转换、有效功率、恒流精度、电源寿命、电磁兼容的要求都非常高,因为电源在整个灯具中的作用就好比像人的心脏一样重要。

4. 驱动电流

LED 在其电流极限参数范围内流过 LED 的电流越大,它的发光亮度就越高,即 LED 的亮度与它的工作电流成正比。但如果流过 LED 的电流超出极限参数范围,LED 就会出现饱和,不仅使发光效率大幅降低,而且使用寿命也会缩短。因此,常用恒流(CC)驱动方案。

5. 光线分布处理

LED 是一个方向性的点光源,如何营造一个舒适的光环境是 LED 灯光学设计技术的核心。LED 光源本身一般会有透镜或者透射材料,用于提高光线出射效率,同时满足出光约 120 度的配光分布,一般称为一次光学设计。但是为了满足室内照明的各种需求,需要将光根据需要重新分配,采用何种方式将 LED 发出的光进行二次分配,以达到舒适的光环境,也是影响 LED 品质的重要因素。

练习与思考

(1)LED 日光灯管的特点与应用场合有哪些?

(2)请对 16WLED 日光灯管与 40W 传统荧光灯的耗能进行对比分析。

(3)请描述 LED 日光灯管的结构组成与各部分的主要作用。

(4)LED 日光灯管的技术参数有哪些?

(5)请指出 LED 日光管灯管的电源驱动方案主要分类与特点。

(6)请举例描述 20W 非隔离 LED 日光灯管驱动电源的主要电路的各部分作用。

(7)试用 BP2822 驱动芯片设计一款 T8 8WLED 日光灯驱动电路。

考核与评价

任务实施完成后,要求每一位同学对任务完成情况总结并进行课堂交流分享。同时老师结合产品质量、班级纪律记录与各个小组的评价对每一位同学进行综合评价。详见学习任务学生综合评价表。

学习任务学生综合评价表

任务名称：＿＿＿＿＿＿＿＿＿＿＿＿＿＿＿＿＿＿＿＿＿＿

班级名称：＿＿＿＿＿　学生姓名：＿＿＿＿＿　所属小组：＿＿＿＿＿　岗位名称：＿＿＿＿＿

项目名称	评 价 内 容	配分	评价分数		
			自评	组评	师评
职业素养 40%	劳动保护穿戴整齐，仪容仪表符合规范，文明礼仪	6分			
	有较强的安全意识、责任意识、服从意识	6分			
	积极参加教学活动，善于团队合作，按时完成任务	10分			
	能主动与老师、管理人员、小组成员有效沟通，积极展示工作进度成果	6分			
	劳动组织纪律（按照平时学习纪律考核记录表）	6分			
	学习用品、实训工具、材料摆放整齐，及时清扫清洁，生产现场符合6S管理标准	6分			
专业能力 60%	上课能专心听讲，笔记完整规范，专业知识掌握比较好	12分			
	技能操作符合规范，符合产品组装工艺，元器件识别正确、有质量意识	18分			
	勤学苦练、操作娴熟，工作效率高，总结评价真实、合理、客观	12分			
	电子产品的验收质量情况（参照企业产品验收标准及评分表）	18分			
总　　分					
总评	自评×20%＋组评×20%＋师评×60%＝		综合等级	教师（签名）： 　年　月　日	

注：学习任务评价按自我评价、组长评价和教师评价3种方式，考核分为：A（100～90）、B（89～80）、C（79～70）、D（69～60）、E（59～0）5个级别。

项目五　LED 筒灯照明驱动设计与应用

1. 熟悉 LED 筒灯的特点与应用场合;
2. 掌握 LED 筒灯的结构组成与安装方法;
3. 掌握 LED 筒灯的技术参数;
4. 熟悉 LED 筒灯驱动电源原理与基本设计方法;
5. 熟悉并掌握 LED 筒灯的电子组装方法。

LED 灯具技术正日新月异地在进步,它的发光效率正在取得惊人的突破,价格也在不断降低。LED 筒灯已经在替换各种传统筒灯而得到广泛应用。本项目就是结合市场常用的 LED 筒灯规格与特点、技术参数与典型的驱动电源方案设计和 LED 筒灯产品电子组装进行学习。

相关知识

知识 1　LED 筒灯照明应用和标准

1. 应用场合

作为新一代灯具,LED 筒灯具有许多与其他 LED 灯具共有的优点并正在全面取代传统的筒灯。大量应用在以下场合:大堂入口、展示中心、专卖店,一般、重点或局部照明;商场、银行、医院、宾馆、饭店及其他各种公共场所。应用效果举例如图 5-1 所示。

图 5-1　LED 筒灯应用场所效果

2. LED 筒灯标准要求的主要内容

国家标准化委员会相继发布了《LED 筒灯性能要求》和《LED 筒灯性能测试方法》等几个立项标准，标志着 LED 筒灯国家标准的确定。技术要求主要针对 LED 筒灯照明产品，规定了 LED 筒灯的技术要求，其中包括产品的规格分类、初始光通量、初始光效和光通维持率等基本光学性能指标，电气安全要求及无线电骚扰特性等。技术要求适用于额定电压 220V、频率 50Hz 交流供电的 LED 筒灯。主要明确以下内容。

（1）物理量的定义

1）额定值：给定工作条件下 LED 筒灯的参数值，该值由产品生产商或责任销售商指定。

2）额定光通量：初始光通量的额定值，该值由产品生产商或责任销售商指定。

3）额定相关色温：相关色温的额定值，该值由产品生产商或责任销售商指定。

4）初始值：1000 小时的 LED 筒灯稳定工作时的光电参数值，初始值用于评价 LED 筒灯的初始性能。

5）初始光通量：LED 筒灯所发出的总光通量的初始值，单位为流明（lm）。

6）初始光效：LED 筒灯的光效的初始值，单位为流明每瓦（lm/W）。

7）初始相关色温：LED 筒灯的相关色温的初始值，单位为开尔文（K）。

8）初始显色性：LED 筒灯的显色指数的初始值。

9）光通维持率：LED 筒灯在额定条件下持续老练达到 3000 小时后所发出的总光通量与其初始光通量的比值，用百分比表示。

（2）技术要求

1）光电性能要求与初始光通量要求：4 寸以上 LED 筒灯的初始光通量不应低于550lm；4 寸以下（包括 4 寸）LED 筒灯的初始光通量不应低于 340lm；LED 筒灯的初始光通量应不低于额定光通量的 90%，不高于额定光通量的 120%。

2）初始光效要求：LED 筒灯的初始光效应不低于 55lm/W。

3）光通维持率要求：LED 筒灯 3000 小时的光通维持率应不低于 96%。

4）色度要求：LED 筒灯的色度应符合标准规定（色温与色容差）。

5）初始显色性：LED 筒灯的初始显色指数不应低于 85。

6）光分布要求：与向下垂直轴夹角的 60°区域内，光通量应占总光通量的 75%以上。

7）功率因数：LED 筒灯的功率因数应不低于 0.90。

8）安全要求：LED 筒灯应符合国家相关安全标准要求。

9）电磁兼容性能的要求：LED 筒灯的无线电骚扰特性应符合 GB 17743-2007 的要求。

LED 筒灯的输入谐波电流应符合 GB 17625.1-2003 的要求。

（3）标志

LED 筒灯应该清晰耐久地标注以下内容。

1）国家相关安全标准所要求的标注项目。

2）功率因数。

3）额定光通量。

4）额定相关色温。

5）显色指数。

知识 2　LED 筒灯的规格与技术参数

1. LED 筒灯常见规格分类、品牌、结构组成

（1）LED 筒灯常见规格

1）LED 筒灯规格的分类。

① 按安装方式分：嵌入式筒灯与明装式筒灯。

② 按灯管安排方式分：竖式筒灯与横式筒灯。

③ 按场所分：家居筒灯与工程筒灯。

④ 按光源个数分：单插筒灯与双插筒灯。

⑤ 按光源的防雾情况来分：普通筒灯与防雾筒灯。

⑥ 按大小分：2 寸；2.5 寸；3 寸；3.5 寸；4 寸；5 寸，6 寸，8 寸，10 寸。寸这里是指英寸，指里面的反射杯的口径（注：1 寸＝0.03 米）。

简单地说，筒灯是一种相对于普通明装的灯具更具有聚光性的灯具，一般是用于普通照明或辅助照明。而前面学习的 LED 射灯是一种高度聚光的灯具，它的光线照射是可指定特定目标的。主要是用于特殊的照明，比如强调某个很有味道或者是很有新意的地方。

2）市面常见规格。市面主要有 2.5、3.5、4、6、8 寸筒灯，如图 5-2 所示。

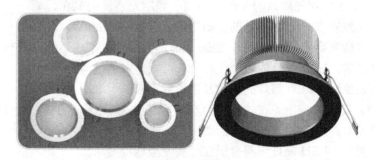

图 5-2　LED 筒灯实物图

相对而言，4 寸、6 寸筒灯的使用频率是最高的。不同尺寸应用的不同场合如表 5-1 所示。而嵌入式筒灯占据市场 90% 以上的安装份额。

表 5-1　不同尺寸的筒灯应用场合

尺寸	适应范围	应用场合
2.5 寸	一般	酒店楼梯、电梯，商场商铺
3 寸	较窄	酒店大厅、客房走廊、商场走道、电梯入口
4 寸	广泛	酒店入口、前台、餐厅、走道、厕所；商场柜台
6 寸	广泛	酒店大堂、入口、走道（主要）商场入口、商铺
8 寸	较广	酒店大堂、入口，商场商铺、走道、大厅

3）市面常见品牌。现阶段 LED 筒灯的厂家与品牌主要是传统节能筒灯品牌转型而来，如飞利浦、雷士、欧普、欧司朗、三雄极光、西顿、美的、品上等占有市场的主要份额；高端品牌主要是飞利浦、欧司朗等品牌，价格较高，国产品牌主要是中低端品牌，价格较低廉。

（2）LED 筒灯结构与电源要求

1）LED 筒灯结构组成。LED 筒灯是由 LED 模块、控制装置、连接器、光学部分与灯体等组成的室内照明用筒灯。

按结构可分为自带控制装置式（即整体式）、控制装置分离式。一款 LED 筒灯的结构如图 5-3 所示。

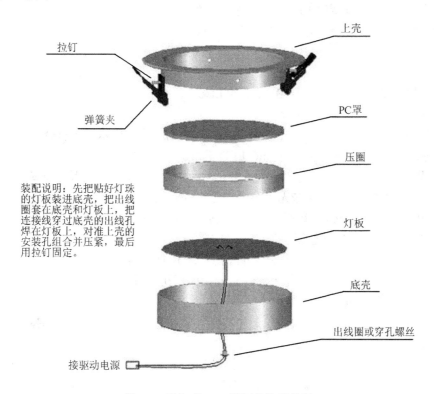

装配说明：先把贴好灯珠的灯板装进底壳，把出线圈套在底壳和灯板上，把连接线穿过底壳的出线孔焊在灯板上，对准上壳的安装孔组合并压紧，最后用拉钉固定。

拉钉
上壳
弹簧夹
PC罩
压圈
灯板
底壳
出线圈或穿孔螺丝
接驱动电源

图 5-3　嵌入式 LED 筒灯结构示意图

LED 筒灯外壳一般采用拉伸铝材（6063）的较多，当然也有压铸外壳的 LED 筒灯。LED 灯板有采用 1W 大功率 LED 进行组合的，也有采用 SMD LED 的（5630，5730，3528），还有采用 COB 光源的（集成光源功率有 5W、10W 等），如图 5-4 所示。

市面采用小功率 SMD LED 的筒灯外形如图 5-5 所示。

图 5-4　10W（COB 集成光源）压铸外壳嵌入式　　　图 5-5　3 寸小功率 LED 筒灯外形
　　　　　LED 筒灯

以上产品 3 寸小功率 LED 筒灯其技术参数如下。

输入电压：	AC 120～210V	灯具额定功率：	5.5W
功率因数 PF 值：	大于 0.5	电源效率：	大于 70%
光效：	大于 50lm/W	工作频率：	50/60Hz
采用的光源：	60 PCS（3528 TOP LED）		

2）LED 筒灯各主要部件的作用。

金属外壳主要是为了 LED 更好地散热，目前为了降低成本，也有企业开发了 4 寸以下规格功率 10W 以下的塑料外壳的 LED 筒灯。

PC 罩子主要提供 LED 光学分布与出光，为了发光均匀，应选用透光率高的材料。PC 罩子是作为透镜材料的（透光率 89%左右），也可以采用亚克力钻石面透镜，其透光率达到 91%，高于传统的单磨砂亚克力扩散板 85%左右的透光率。有的则采用磨砂玻璃作为透镜材料的。透光率更高，耐高温，但容易碎、成本高。

压圈主要是固定灯板用的，驱动电源提供 LED 灯板恒流控制。

拉钉与弹簧是安装固定灯体用的。与天花板开孔形成卡位。

3）LED 筒灯驱动电源分类。

① 外置电源。外置电源功率（3～25W），带塑料外壳和输入、输出接线端口，如图 5-6 所示。

② 内置电源。内置电源主要用于一体化 LED 筒灯，有带外壳的（体积相对比较小）和不带外壳的，放置于筒灯灯体内部。不带外壳的电源实例如图 5-7 所示。

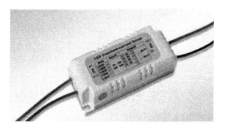

图 5-6 外置电源实物图

图 5-7 内置电源实物

4）LED 筒灯驱动电源高性能客户要求。

① 恒流驱动。防止 LED 正向电压的改动而惹起电流变化，恒定的电流使 LED 筒灯的亮度不变。

② 设置限流。驱动源在驱动多路 LED 筒灯管芯时留意每路之间的串并联的关系，除了恒流之外还要设置限流，预防意外发生。

③ LED 驱动电源最好选用无电解电容设计，在正常运用前提下电解电容是电路板上器件中寿命最短的器件，LED 筒灯的寿命在散热好时到达 30000～50000 小时是没问题的。要想驱动源与光源寿命匹配，驱动源无电解电容是比较好的选择。

④ 高 PF 值。LED 筒灯驱动电源的功率因数尽可能按照功率不同客户要求进行选择。

⑤ 软启动功能。通电霎时，输出会有一个电压尖峰。为更好地维护 LED，所以需要加软启动电路。

⑥ LED 筒灯电源寿命长。驱动电源的寿命尽最大可能与 LED 芯片的寿命相同。

⑦ LED 温度检测功能。避免 LED 芯片 PN 节温度过高。

⑧ 浪涌维护。LED 抗冲击差，所以 LED 驱动电源要有拟制浪涌的功能。

⑨ 高效率。电源的效率高，它的耗损功率小，在 LED 筒灯内发热量就小，也就降低了 LED 筒灯的温升，可延缓 LED 的光衰。

⑩ 高可靠性。LED 筒灯由 LED 芯片和电源，散热外壳，光学透镜，连接体等构成。温度管理与 LED 光衰、电源寿命均会影响到可靠性。

⑪ 安全性能。耐高压测试等安全测试项目必须满足国家标准要求。

2．LED 筒灯技术参数与特点

（1）LED 筒灯产品的特点

产品采用高亮度（如 CREE、Osram、日亚品牌，国产优质）LED 发光管作为光源，低压恒流驱动，安全可靠，耗电少，寿命长。

灯体采用高纯度铝经精加工后阳极氧化而成（或压铸一体化流体结构），外观简洁时尚，不变色。

优良的热学管理可以有效地保证 LED 发光管长期稳定工作，有效控制光衰减问题。

优异的光学设计使得整个灯具出光效率高，发光均匀，高显色指数。

采用高效、高可靠、恒流驱动控制。调光于调色功能可选用。

灯具在使用过程中操作简单，瞬间点亮，无频闪、无鸣音、无铅、汞等有害物质。

节能效果显著，相比传统钨丝白炽灯，节电率在 80%以上；相比荧光节能灯节电率在 45%以上。

产品广泛用于家居、商场、酒店、专卖店、会议室、走廊等场所，是传统荧光节能筒灯的理想替代产品。

（2）LED 筒灯的常见规格技术参数

列举 3 款 LED 筒灯所具有的技术参数如表 5-2 所示。

表 5-2　LED 筒灯的常见规格参数

产品型号	D-001	D-002	D-003
输入电压/V	100～240	100～240	100～240
灯具工作电流/mA	600	600	600
功率/W	14	21	28
色温/K	3000/4000	3000/4000	3000/4000
光通量/lm	780/870	1160/1300	1520/1680
寿命/小时	40000	40000	40000
防护等级	IP20	IP20	IP20
开孔尺寸/mm	Φ90	Φ115	Φ135
环境温度/℃	−10～40	−10～40	−10～40

以上 3 款 LED 筒灯的外形尺寸如图 5-8 所示。

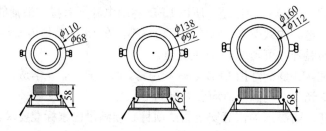

图 5-8　三款 LED 筒灯尺寸图

注意：IP 防护等级是这样定义的：防护等级 IP20，IP 为标记字母，数字 2 为第一标记数字，0 为第二标记数字。第一标记数字表示接触保护和外来物保护等级，第二标记数字表示防水保护等级，数字越大防护等级越高，如表 5-3 所示。

表 5-3　IP 防护等级

表示灯具离尘、防止外物侵入的等级		表示灯具防湿气、防水侵入的密闭程度	
0	无保护	0	无保护

续表

表示灯具离尘、防止外物侵入的等级			表示灯具防湿气、防水侵入的密闭程度		
1	防止尺寸超过 50mm 固体进入之保护		1	防止垂直滴落水滴之保护	
2	防止尺寸超过 12mm 固体进入之保护		2	防止最大倾斜 15 度滴落水滴之保护	
3	防止尺寸超过 2.5mm 固体进入之保护		3	防止雨水之保护	
4	防止尺寸超过 1mm 固体进入之保护		4	防止喷溅水滴之保护	
5	防止灰尘进入之保护		5	防止喷水之保护	
6	防止灰尘进入之完全保护（绝尘）		6	防止波浪之保护	

注：IP 是 International Protection 的简写，即防护等级的意思。

IPAB 的意义如下。

1）A 表示灯具离尘、防止外物侵入的等级。数字越大表示其防护等级越高。有 0～6 级。

2）B 表示灯具防湿气、防水侵入的密闭程度。数字越大表示其防护等级越高。

3．LED 筒灯的替换与安装

（1）传统筒灯与 LED 筒灯的功率对照

LED 筒灯的方案（尺寸与 LED 功率对照）建议如表 5-4 所示。功率换算原则为

$$LED1W＝节能灯 1.5～2W（普通）$$

替换时按照功率换算的基本原则来进行。

表 5-4 LED 筒灯的方案（尺寸与功率对照）

筒灯尺寸/寸	光源种类	功率/W
2.5		2～4
3		3～8
3.5		3～9
4	LED：SMD-LED 或 COB LED	3～10
5		5～15
6		7～21
8		10～30

（2）LED 筒灯安装与注意事项

1）安装高度与间距和色温选择的一般规律。

商业照明多用 4 寸、6 寸筒灯，在正门外安装高度在 8～10m，室内过道、店内天花板安装高度多为 3～4m，柜台的安装高度在 2～2.5m；安装间隔没什么规律性，一般在 1～2m，行间 1.5～2m；店铺外多用冷白光，店内多用暖白光；因为多与白色天花搭配，多用白边灯具。

2）安装方法与步骤。

LED 筒灯的安装示意图如图 5-9 所示。

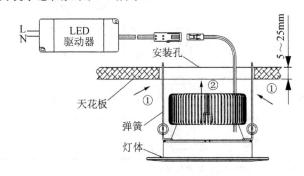

图 5-9　安装示意图

安装步骤如下。

① 关闭电源开关。

② 按照灯具标签上的开孔尺寸在天花板上开一个合适的安装孔。

③ 将灯具上的 LED 驱动器输入端与市电（100～240V）相连，确认连接正确可靠。

④ 将 LED 驱动器置于天花板上的合适位置。

⑤ 捏紧灯具两侧安装弹簧（如图 5-9 中①处），将灯体推入安装孔（如图 5-9 中②处），确保灯具安装稳妥。检查无误后接通电源开关，即可使用。

注意：

① 安装、维护、检查灯具前请先断开电源，以防触电。

② 请严格按照说明书安装，使用该灯具。

③ 请勿自行改造灯具，调换零部件，以免引起灯具坠落，触电等事故。

知识 3　LED 筒灯驱动电路设计

目前，室内驱动电源采用国产驱动芯片的方案比较成熟，性价比也得到市场认可。下面以无锡市晶源微电子有限公司生产的驱动芯片 CSC8318 构成的 9W LED 驱动电源电路设计方案为例进行学习。

设计规格如下。

输入电压：86～265VAC；

输入频率：47～63Hz；

输出电压：36V；

输出电流：240mA。

1. 驱动电路原理图设计

采用 CSC8318 驱动芯片作为 LED 日光灯驱动电源的主芯片，设计驱动电路方案如图 5-10 所示，电路图设计如图 5-11 所示。驱动电路由 EMI 滤波、全桥整流、反激励高频稳压器、PWM 控制驱动电路、电流原边反馈电路、输出电路等组成。

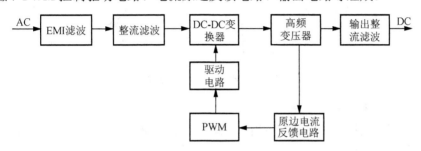

图 5-10　驱动电路设计框图

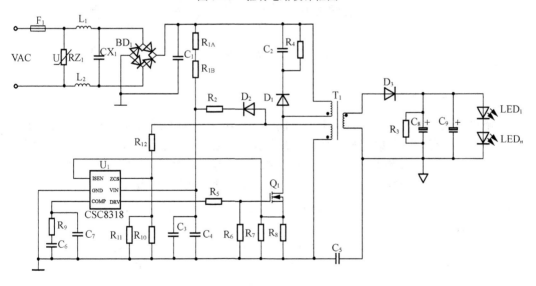

图 5-11　9W LED 驱动电路原理图

（1）准谐振开关电路设计

准谐振开关电路原理如图 5-12 所示。CSC8318 采用准谐振开关技术，降低损耗与提高效率，变压器辅助绕组反馈 MOSFET 的电压波形，芯片 ZCS 管脚通过分压电阻检测辅助绕组的电压，当 MOSFET 的电压处于谷底，MOSFET 将被打开。

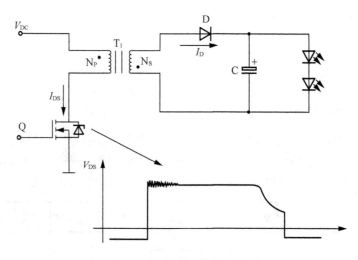

图 5-12　准谐振开关电路原理

（2）恒定电流输出调节设计

原边反馈控制得到了广泛的应用，原理是通过精确采样辅助绕组（N_a）的电压变化来检测负载变化的信息。输出电流 I_o 由公式表示为

$$I_O=\frac{1}{2T_S}(I_{DS}\times\frac{N_P}{N_S}\times t_D)=\frac{1}{2}\times\frac{t_D}{T_S}\times\frac{V_{CS}}{R_{CS}}\times\frac{N_P}{N_S}=\alpha\times\frac{V_{CS}}{R_{CS}}\times\frac{N_P}{N_S}$$

式中：$\alpha=\frac{1}{2}\times\frac{t_D}{T_S}$ 为一常数，芯片内部设定位 $\alpha=0.16$。

2. 工作原理分析

电路中核心部件 IC CSC8318 是一枚用于大功率 LED 照明驱动设计的反激式 PFC 控制芯片。带有原边反馈模式和准谐振开关技术，实现低开关损耗以获得更高的效率。

AC 输入经 F_1 保险丝，RV 浪涌电压拟制二极管，EMI 电路（L_1、L_2、CX_1、C_1、C_5），BD1 桥式整流将高压直流加到 DC-DC 反激式变换器（由 IC CSC8318、T_1、Q_1、D_3、C_8、C_9），R_3 是假负载（负载开路提供保护）。其中 R_7、R_8 采样电阻，提供 CS 端的反馈电流。

D_1、C_2、R_4 构成箝位吸收保护电路保护 MOSFET 管。R_{1A}、R_{1B}、C_3、C_4 构成启动电路。当开机后 C_3 电压上升到启动电压后，由辅助绕组供电给 IC。

3. 驱动芯片 CSC8318 介绍

（1）CSC8318 特点

内置 PFC，高 PF 值，低 THD，原边反馈恒流控制，无须次级反馈电路；±3% LED 输出电流精度；临界导通模式和零电流检测；准谐振开关技术；原级峰值电流控制；超低（14μA）启动电流；超低（10mA）工作电流；优异的线电压调整率和负载电压调整率；输出短路保护和开路保护；电流采样电阻短路/开路保护；变压器饱和保护；逐周期原边电流限流；芯片供电过压/欠压保护。

（2）引脚功能与封装形式

采用SOT23-6封装，引脚如图5-13所示。

引脚1 ISEN：CS电流检测，采样变压器的初级电流，接电阻到地。

引脚2 GND　系统接地。

引脚3 COMP　补偿端口，外接电容、电阻到地，稳定系统控制环路。

引脚4 ZCS　过零检测，零电流检测，同时该引脚电压超过1.4V时并维持700ns，过压保护功能启动。

图5-13　CSC8318封装引脚图

引脚5 VIN　电源供电端口，内部有18V保护，电源电压超过18V，保护启动，使得电压维持在18V，兼有开路保护功能。

引脚6 DRV　端口为驱动端，外接MOSFET的栅极。

（3）CSC831芯片方框图

CSC831芯片方框图如图5-14所示。

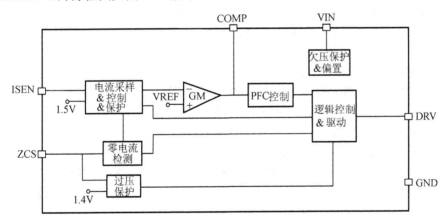

图5-14　CSC8318IC内部框图

知识4　市场常见品牌LED筒灯驱动电源规格与特点介绍

目前市场常见电源品牌有深圳茂硕、东莞富华、中国台湾明纬、惠州德亿电子等。

1. 品牌企业LED筒灯电源具有的特点

1）宽电压输入范围，可接收交流或直流输入。

2）高效率：最高达到90%以上，比行业一般的80%高10个点。极大降低了驱动器

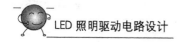

的温升，延长了 LED 寿命。

3）高功率因数：功率因数高达 0.90 以上。

4）驱动稳定性极好，电流变动不超过 3mA。

5）极好的适应性，自动兼容 4～11 只串联 LED。

6）具备软启动，防止开机高电流脉冲冲击对 LED 的损伤。

7）具备开路、短路、超温、过压、过流保护。产品的安全性能得到保证。

8）高压与低压端之间最少安全爬电距离 6mm 以上。承受 3000V 绝缘测试。

9）应该具备的电磁兼容原件都没有省略，电磁兼容性极好。

10）采用的外壳材料防护阻燃，采用无电解方案或者采用著名国际品牌的电解电容（如红宝石电解）。

11）具有可选的调光方案。

2. LED 筒灯电源的主要参数

（1）一般 LED 筒灯电源应具有以下主要技术参数

1）输入电压范围：AC85～265V，DC100～375V。

2）输出功率：3～25W。

3）输出电压：DC14～28V（可按用户要求调整）。

4）效率：＞82%（可按用户要求调整）。

5）功率因数：＞0.91（可按用户要求调整）。

6）频率范围：45～63Hz。

7）驱动电流：100～720mA（可按用户要求调整）。

8）驱动电流误差：±5mA（可按用户要求调整）。

9）驱动电流稳定性：±3mA（可按用户要求调整）。

10）驱动电压纹波：小于 10mV。

11）尺寸：$L \times W \times H = 86mm \times 30mm \times 27mm$（可按用户要求调整）。

电源一般要求宽电压范围、效率与功率因数要高，纹波小，灯体温度低，寿命长。

（2）市面 LED 筒灯电源的主要规格与参数

以外置电源为例，以深圳茂硕电源股份有限公司品牌的 LED 电源来说明市场上的部分规格与参数，来了解具体的型号规格与技术参数，如表 5-5 所示。一般来讲，10W 左右的电源，电源效率应在 0.8 左右。

表 5-5　LED 筒灯电源主要规格与参数列表

输出功率/W	输出电压/V	输出电流/mA	功率因数 PF 值	电源效率	THD
4	9～14	230		0.78	
7	16～24	300	0.97	0.78	<20%
9	10～15	550	0.97	0.78	<20%
10	20～30	350	0.97	0.78	<20%

任务 1 7W LED 筒灯驱动电源设计与测试

1. 任务描述

设计一款基于 SD6901S 驱动芯片的 7WLED 筒灯电路，并进行电气性能测试，完成
LED 筒灯灯具组装任务。

设计规格如下。

输入电压：90～265VAC；

输入频率：47HZ～64Hz；

输出电压：36～51V；

输出电流：160mA。

2. 基于 SD6901S 驱动芯片电源设计方案

（1）驱动电路原理图设计

按驱动电源设计规格要求，本电源方案选用杭州士兰微电子股份有限公司生产的专
用于非隔离 LED 驱动芯片 SD6901S 设计，基于驱动芯片 SD6901S 非隔离型的驱动电路
方案原理图如图 5-15 所示。

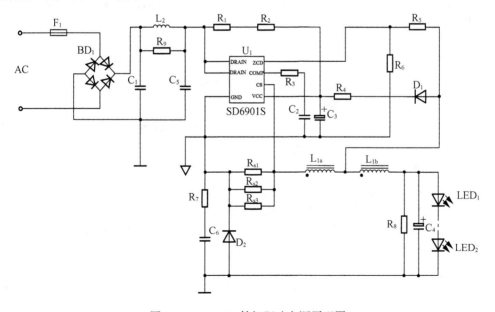

图 5-15　7WLED 筒灯驱动电源原理图

1）VCC 供电设计。R_1、R_2 为启动之前给 C_3 充电电阻，取值越小，启动时间越短，取值过小会影响系统效率，设计为 510kΩ。C_3 为 VCC 电容，它起到滤波和储能两个作用。一般取 10～22μF，取值越大，启动时间越长，设计为 10μF。

当 VCC 达到 16V 时，系统开始工作，当 VCC 下降到 8V 时，系统停止工作。VCC 过压保护点为 22V（注意 VCC 电压纹波）。正常工作时，建议把 VCC 电压设定在 16V 左右。

VCC 供电由电感辅助绕组 L_{1a} 供电，系统启动较快，输出电压变化范围较宽，效率高。R_4 串联在 L_{1a} 辅助绕组供电线路中，减小 D_1 二极管正向峰值电流，同时可以防止由开关噪声引起的 VCC 过高。

2）ZCD 脚设计。ZCD 脚为 "零电流开通检测" L_1，R_5 输入端。当 SD6901S ZCD 的 R_6 脚电位低于内部基准 Vref 时，IC 内部 GND 将驱动输出（Drain 脚）置高，开通 MOS 管，使系统工作在临界连续模式。当 ZCD 电压高于内部基准时（4.25V），则认定为输出处于开路状态并保护，且可以自动恢复。设计时 R_6 取值小于 100kΩ，R_5 取值一般满足下面公式：

$$\frac{R_5}{R_6} \leqslant 3.7$$

3）COMP 脚设计。COMP 脚为内部跨导放大器输出端，外接电容器作补偿。COMP 电容 C_2 取值为 1～4.7μF。电阻 R_3 取值，一般为 0～2.2kΩ。设计 C_2 取值 2.2μF，R_3 取值 680Ω。

4）CS 脚设计。CS 为电感电流采样输入脚，用于控制输出 LED 电流，典型输出电流计算公式，参考下面公式：

$$I_O = \frac{0.17}{R_s}$$

设计输出电流为 160mA，根据公式求出需要的采样电阻值 $R_s \approx 1.06\Omega$，设计时 R_s 采用 2Ω 和 2.2Ω 并联，精度为 ±1% 的电阻。

5）GND 脚设计。GND 为芯片内部控制地和 MOS 的源极连接端，应用时接到整流二极管 D_2 的阴极。走线要尽可能地短且粗。

6）系统调试提高 PF 值方法。

① 减小 AC 输入滤波电容 C_1，在输出功率固定的前提下，容值越大，系统 PF 值就越低，总和越小，PF 越高。但过小，低压输入会不稳定。

② 补偿网络，包括 C_2 和 R_3。C_2 取值越大，PF 越高；R_3 取值越小，PF 越高。过大的 C_2，可能会引起低压启动困难。

③ 由于系统为 BUCK 架构且具有 APFC 功能，当然输入电压低于输出电压期间内（输入电压谷底），输入是没有电流的。所以，在低压输入时，特别在全电压输入的系统中 90V 输入时，系统 PF 值偏低（＞0.9），系统最高 PF 值会出现在输入电压的中间点。

④ 对于低压输出系统（如 $V_o<30V$），高压输入时 PF 会降低，低压输入时 PF 会升高。

7）其他设计注意事项。

① 输出滤波电容在选用时，除了考虑耐压之外，还要考虑输出电流的纹波要求。若要求输出电流纹波小，则需要的电容值就大，根据不同的应用需求来确定，同时建议用 ESR 较小的电容，以提高系统效率。

② 输出电感的辅助绕组尽可能与主电感耦合好。同时，还可以选择中心抽头的供电方式。

③ 输出端需要并联一个较大电阻，以防止空载电压过高，比如 $100\sim500k\Omega$。

④ 由于直接采样输出电流来实现恒流，一旦系统外围参数确定下来后，外围对输出电流精度影响较小，除电流采样电阻外，因此建议用 $\pm1\%$ 精度的采样电阻，并用多个并联。

（2）SD6901S 驱动芯片介绍

SD6901S 是一款专用于非隔离 LED 驱动的控制芯片，外围应用采取浮地 BUCK 架构，内置 600V 高压功率 MOSFET。在该架构下，芯片采样电感电流进入内部，并利用内部误差放大器形成闭环反馈网络，从而达到高恒流精度和高输入/输出调整率。同时，芯片自带 PFC 控制，自动实现全电压范围高 PF 值。芯片的临界导通模式减小开关损耗，提高系统转换效率。SD6901S 内部集成各种保护功能，包括输出开路保护，输出短路保护，逐周期过流保护，过温保护，V_{CC} 过压保护等。SD6901S 具有超低的启动电流和工作电流，可在全电压输入范围内（$85\sim265VAC$）高效驱动高亮度 LED。

SD6901S 芯片内部方框如图 5-16 所示，管脚排列如图 5-17 所示，管脚功能描述如表 5-6 所示。

表 5-6 SD6901S 管脚功能描述

引脚	名称	功能描述
1	VCC	电源
2	CS	采样电流
3	COMP	跨导放大器输出，外接一积分电容到地
4	ZCD	过零检测输入
5.6	DRAIN	功率管漏端输出
7	GND	地

1）启动控制。SD6901S 的启动电流很低，因此可以快速启动。外部启动电路可以采用较大的启动电阻。V_{CC} 端具有欠压保护功能，开启/关断电压阀值设定在 16V 和 8.5V。迟滞特性确保启动期间输入电容能给芯片正常供电。启动完成且输出电压上升到一定程度后，输出端可通过辅助绕组或齐纳管降压对 V_{CC} 进行充电。$V_z=V_{LED}-V_{CC}$。

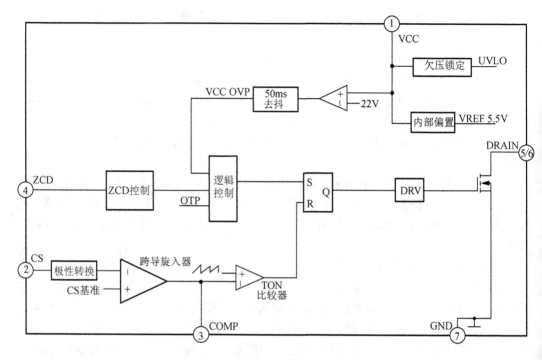

图 5-16　SD6901S 内部方框图

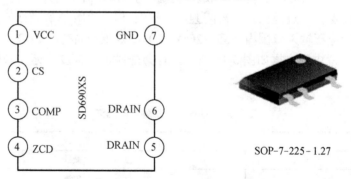

SOP-7-225-1.27

图 5-17　管脚排列图

2）临界导通模式。SD6901S 芯片采用检测电感电流过零来开通 MOSFET 开关，电感电流过零点可通过 ZCD 电压来判断，ZCD 电压可通过辅助绕组或电阻分压检测。当电感电流过零时，ZCD 管脚电压会下降，芯片检测其下降沿，实现过零开通 MOSFET 开关，临界导通模式有利于减小开关损耗，提高系统转换效率。

3）恒流精度控制。SD6901S 芯片采样电感电流，利用内部误差放大器形成闭环反馈网络，从而得到高恒流精度和高负载调整率。CS 电压和 0.17V 基准电压进入跨导放大器进行误差放大，并通过外部 Comp 电容积分，Comp 端电压控制外部功率管导通时间，调整输出电流。

4）电流检测和前沿消隐。SD6901S 芯片具有逐周期限流保护功能，当 CS 电压超过一定值时，芯片关断外部 MOSFET 开关，系统仍保持正常工作，下个周期外部 MOSFET 正常开启。在前沿消隐时间内，限流比较器是不工作的，MOSFET 开关在这段时间内是保持导通状态的。

5）输出过压保护。输出电压通过电阻分压输入 ZCD 管脚。当 ZCD 电压超过过载保护电压阈值 4.25V 时，进入输出过压保护状态，MOSFET 开关截止，系统将重新启动。

此外，SD6901S 还设计有 VCC 过压保护，输出短路保护等电路功能。

（3）电源 PCB 布线与元件排板

电源 PCB 布线与元件分布如图 5-18 所示。

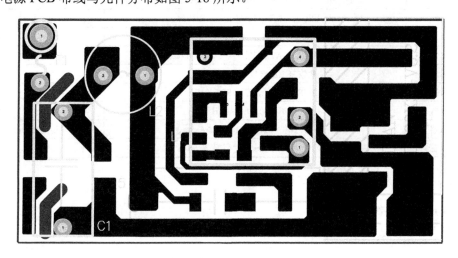

图 5-18　PCB 布线图

（4）元器件清单

元器件清单如表 5-7 所示。

表 5-7　7WLED 筒灯驱动电源 BOM 清单

物料名称	规格型号	用量	单位	位置号
电阻	贴片电阻 510kΩ±5% 1206 0.25W	2	PCS	R_1, R_2
电阻	贴片电阻 680R±5% 0805 0.125W	1	PCS	R_3
电阻	贴片电阻 10R±5% 0805 0.125W	1	PCS	R_4
电阻	贴片电阻 150kΩ±5% 0805 0.125W	1	PCS	R_5
电阻	贴片电阻 47kΩ±5% 0805 0.125W	1	PCS	R_6
电阻	贴片电阻 47R±5% 1206 0.25W	1	PCS	R_7
电阻	贴片电阻 200kΩ±5% 0805 0.125W	1	PCS	R_8
电阻	贴片电阻 4.7kΩ±5% 0805 0.125W	1	PCS	R_9

物料名称	规格型号	用量	单位	位置号
电阻	贴片电阻 2R±1%　1206 0.25W	1	PCS	RS$_1$
电阻	贴片电阻 2.2R±1%　1206 0.25W	1	PCS	RS$_2$
电阻	Not used	1	PCS	RS$_3$
电容	金属膜电容/68nF±5%/630Vdc/聚酯/引脚间距 10mm	1	PCS	C$_1$
电容	贴片电容/2.2μF±10%/10V/X7R/0805	1	PCS	C$_2$
电容	贴片电容/10μF±10%/25V/X7R/1206	1	PCS	C$_3$
电解电容	铝电解电容/105℃/220uF/63V/ϕ10×18	1	PCS	C$_4$
电容	金属膜电容/220nF±5%/630Vdc/聚酯/引脚间距 15mm	1	PCS	C$_5$
电容	贴片电容/150pF±10%/1kV/X7R/1206	1	PCS	C$_6$
半导体器件	整流桥/ MB6S	1	PCS	B$_1$
半导体器件	普通二极管/ BAV21W/200V/0.2A/SOD123	1	PCS	D$_1$
半导体器件	快恢复二极管/ US2J/600V/2A	1	PCS	D$_2$
半导体器件	LED 驱动控制芯片/SD6901S	1	PCS	U$_1$
电感器	续流电感/EE10/1mH	1	PCS	L$_1$
电感器	工字电感/T6×8/4mH 0.5A	1	PCS	L$_2$
保险管	保险管/1A/250Vac/延时型/管脚 5mm	1	PCS	F$_1$

3. LED 筒灯驱动电源测试

（1）电源效率测试

按表 5-8 参数测试驱动电源效率，并绘制和分析效率与负载的曲线图。

表 5-8　电源效果测试

LED 灯数	输入电压（220V）	
	输出电压	效率/%
10		
12		
16		

（2）功率因数测试

按表 5-9 参数测试驱动电源功率因数测试，分析判断是否符合能源之星要求。

表 5-9　功率因数测试

输入电压/V	PF 值		
	带载（10 灯）	带载（12 灯）	带载（16 灯）
110			
220			
265			

（3）负载调整率

按表 5-10 参数测试驱动电源的负载调整率，计算并分析 LED 输出电流随负载变化的调整范围。

表 5-10 负载调整率测试

LED 灯数	输出电流 I_o/mA			输出电压
	输入电压 110VAC	输入电压 220VAC	输入电压 265VAC	
10				
12				
16				
负载调整率				

任务 2　LED 筒灯的装配

1. 准备工作

1）设备与仪器：工作台、功率计、万用表、老化架。

2）材料：4 寸 LED 筒灯或 3W LED 天花灯，BOM 套料（电源作为一个部件）。

3）工具：电烙铁、防静电环、螺丝批（或电批）。

2. LED 筒灯装配作业

（1）作业流程

焊接灯珠→涂散热硅脂→安装灯板→焊接 DC 电源线→装面罩与锁紧边扣螺丝→连接电源（外置）→测试与老化→包装。

（2）作业步骤

1）焊接灯珠。按照之前学过的 LED 灯珠焊接方法，将 LED 灯珠按要求焊接到铝基板上。注意 ESD 要求与焊点质量要求。请用万用表测量每一个灯珠的好坏与连接的对错（正负极）。

2）涂导热胶与安装铝基板，如图 5-19 所示。在基板背面的圆环均匀涂上 0.2mm 厚的导热胶，将涂好导热胶的基板用螺丝紧固在散热器上。

图 5-19　涂导热胶与安装铝基板

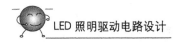
3）焊接 DC 电源线。将电源 DC 端的输出线穿过基板的过线孔并分别焊接在基板对应的正负焊盘上，如图 5-20 所示。

4）装面罩与连接电源。将面罩放入散热器内，在边扣上的螺丝旋紧，并把电源和筒灯的公母线相接，如图 5-21 所示。

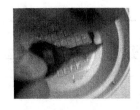 

图 5-20　焊接 DC 电源线　　　　　　　　　图 5-21　装面罩与连接电源

5）测试与老化。对 LED 筒灯做电性能测试，包含 P、PF、V、I，应符合技术规格的要求范围。之后，做老化测试，一般测试 48 小时，功能正常，各项技术参数应符合要求，外观无明显刮痕等缺陷。

6）包装。将产品规格标签贴示在合格产品的相应位置并将易碎标签贴在底环和散热器的连接处，如图 5-22 所示。最后入卡通箱。

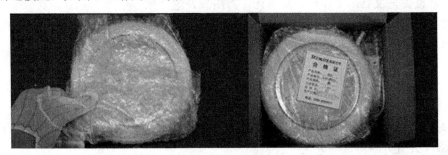

图 5-22　包装

注意： LED 筒灯是天花灯的一种，3W LED 天花灯发光角度小，装配工艺更加简单。可以参照以上方法进行装配。

拓展与练习

筒灯电源测试内容

一般产品测试规格书主要规定：恒流输出电源产品的输入电压、输出电压和输出电流、功率因数、效率、温度、老化条件及安规方面的内容；排除特殊情况，所有参数均不能超过电压、温度、负载所规定的范围。

电源测试步骤：功能测试→高压测试→老化→功能测试。

以使用 CSC8318 的 9W 驱动电源为例，CSC8318 一颗用于大功率 LED 照明驱动设计的反激式 PFC 控制芯片。带有原边反馈模式和准谐振开关技术，实现低开关损耗以获得更高的效率。其老化测试要求如表 5-11 所示，功能测试如表 5-12 所示。

表 5-11　电源老化测试内容

老化测试					
项目	最小	额定	最大	单位	条件
温度	60	65	70	℃	输入电压：220VAC/50Hz 输出负载：最大
LED 负载	—	30	32	V	输入电压：220VAC/50Hz 输出负载：最大
老化时间	—	4	8	H	输入电压：220VAC/50Hz 输出负载：最大
老化时需加开关机冲击测试	结束老化前 40 分钟，进入开关机测试，30 秒 ON/30 秒 OFF				输入电压：220VAC/50Hz 输出负载：最大

表 5-12　电源功能测试内容

输入测试					
项目	最小	额定	最大	单位	条件
输入电压	100	220	240	VAC	输入电压：220VAC/50Hz 输出负载：最大
输入功率	—	—	12	W	输入电压：220VAC/50Hz 输出负载：最大
功率因数 PF	90	—	—	%	输入电压：220VAC/50Hz 输出负载：最大
效率	85			%	输入电压：220VAC/50Hz 输出负载：最大
空载输入功率			1	W	输入电压：220VAC/50Hz
输出测试					
项目	最小	额定	最大	单位	条件
LED：空载输出电压			45	V	输入电压：220VAC/50Hz
LED：输出电压	33	36	39	V	输入电压：220VAC/50Hz 输出负载：最大
LED：输出电流	216	240	264	mA	输入电压：220VAC/50Hz 输出负载：最大

练习与思考

（1）LED 筒灯的特点与应用场合有哪些？
（2）请指出 LED 筒灯标准的技术要求内容。

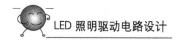

（3）请描述 LED 筒灯的结构组成与各部分的主要作用。

（4）LED 筒灯的技术参数主要有哪些？

（5）请描述 LED 筒灯的安装步骤与注意事项。

（6）请指出 LED 筒灯电源的主要技术参数。

（7）驱动 IC CS8318 有哪些特点？

（8）试用驱动 IC8318 设计 7WLED 筒灯电源驱动电路。

考核与评价

　　任务实施完成后，要求每一位同学对任务完成情况总结并进行课堂交流分享。同时老师结合产品质量、班级纪律记录与各个小组的评价对每一位同学进行综合评价。详见学习任务学生综合评价表。

学习任务学生综合评价表

任务名称：＿＿＿＿＿＿＿＿＿＿＿＿＿＿＿＿＿＿＿＿＿＿＿＿＿＿＿＿＿＿＿＿＿

班级名称：＿＿＿＿＿学生姓名：＿＿＿＿＿所属小组：＿＿＿＿＿岗位名称：＿＿＿＿＿

项目名称	评 价 内 容	配分	评价分数		
			自评	组评	师评
职业素养 40%	劳动保护穿戴整齐，仪容仪表符合规范，文明礼仪	6分			
	有较强的安全意识、责任意识、服从意识	6分			
	积极参加教学活动，善于团队合作，按时完成任务	10分			
	能主动与老师、管理人员、小组成员有效沟通，积极展示工作进度成果	6分			
	劳动组织纪律（按照平时学习纪律考核记录表）	6分			
	学习用品、实训工具、材料摆放整齐，及时清扫清洁，生产现场符合 6S 管理标准	6分			
专业能力 60%	上课能专心听讲，笔记完整规范，专业知识掌握比较好	12分			
	技能操作符合规范，符合产品组装工艺，元器件识别正确、有质量意识	18分			
	勤学苦练、操作娴熟，工作效率高，总结评价真实、合理、客观	12分			
	电子产品的验收质量情况（参照企业产品验收标准及评分表）	18分			
总　分					
总评	自评×20%＋组评×20%＋师评×60%＝		综合等级	教师（签名）： 　　年　月　日	

　　注：学习任务评价按自我评价、组长评价和教师评价 3 种方式，考核分为：A（100～90）、B（89～80）、C（79～70）、D（69～60）、E（59～0）5 个级别。

项目六　LED日光灯管支架照明驱动设计与应用

学习目标

1. 熟悉 LED 日光灯管支架的特点与应用场合；
2. 掌握 LED 日光灯管支架的结构组成与安装方法；
3. 掌握 LED 日光灯管支架的技术参数；
4. 熟悉 LED 日光灯管支架驱动电源的工作原理与基本设计方法；
5. 熟悉并掌握 LED T5 日光灯管支架的电子组装方法。

　　传统灯具支架被用于学校、工厂、家居、超市许多场所，支架是作为灯具，而荧光灯管就是作为光源被用于支架的，传统的支架种类多，之前学过的 LED 日光灯管是替代传统的荧光灯管而得到认可的，目前 LED 一体化支架已经在替换各种传统的整个 T8、T5 支架而得到广泛应用。本项目就是结合市场常用的 T5LED 一体化支架的规格与特点、技术参数与相应的驱动电源方案和 LED 支架产品电子组装进行学习。

相关知识

知识 1　LED 日光灯管支架照明应用和标准

1. 应用场合

　　传统的日光灯支架主要起固定光管，提供电源的作用。根据型号不同可配 20W/18W，30W，40W/36W 的光管，日光灯支架由支架身、支架盖、灯座、镇流器、起辉器、电源线、塑料档头连接导线组成。LED 灯管支架的规格、分类与传统的分类相似，有 T8、T10 LED 灯管支架；T5 LED 灯管支架，可以做成一体化的支架，电源、光源全部在支架结构内形成整体结构，是一种接上 AC 额定电压即可点亮的灯具。而分体式，就是与传统的结构类似，LED 日光灯管可以作为单独的光源，LED 灯管支架仅仅起到固定 LED 灯管的作用或者同时对外置电源的 LED 灯管起到提供电源的作用。本节学习的 T5 一体化支架应用最广，实物图如图 6-1 所示。应用的场所如下。

1）商业照明：橱窗、货架、办公室、餐厅、广告灯箱。
2）家居照明：客厅、走廊。
3）工厂：车间照明。
4）学校：实训工厂、教室。

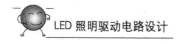
应用效果如图 6-2 所示。

图 6-1　LED T5 一体化支架实物图

图 6-2　LED T5 一体化支架应用效果图

2. LED T5 一体化支架标准要求的主要内容

（1）LEDT5 一体化支架执行的标准

GB 7000.1-2007 灯具第一部分：一般要求与实验。

GB 7000.201-2008 灯具第 2-1 部分：特殊要求　固定式通用灯具。

GB 17743-2007 电气照明和类似设备的无线电骚扰特性的限值和测量方法。

GB 17625.1-2003 电磁兼容　限值　谐波电流发射限值（设备每相输入电路≤16A）。
同时需符合以下要求。

1）IECEE 有关 LED 灯具的 CTL 决议。IEC60825《激光安全》或 IEC62471（GB/T 21045-2006）《灯和灯系统的光生物安全性》；防触电补充规定。

2）有关部件的标准。

《普通照明用 LED 模块安全要求》（GB 24819-2009）。

《灯的控制装置　第 14 部分：LED 模块用直流或交流电子控制装置的安全要求》（GB 19510.14-2009）。

《杂类灯座　第 2-2 部分　LED 模块用连接器的安全要求》（GB 19651.3-2009）。

（2）LED T5 一体化支架的主要技术要求

作为应用 LED 作为光源的一体化灯具，参照前面的标准要求至少应具有的技术指标如下。

1）电参数：电压、功率、电流、PF。

2）工作环境温度与湿度范围。

3）光色参数：光通量、光效、色温、显色指数。

4）IP防护等级与绝缘电阻、电气强度、防触电保护功能等安全性指标。

5）灯具应满足 EMC 电磁兼容特性与长寿命要求（25000 小时以上）。

6）外形尺寸与包装要求。

知识2　LED日光灯管支架的规格、品牌、结构、技术参数与安装

1. LED 日光灯管支架常见规格、品牌、产品结构组成

（1）LED 日光灯管支架常见规格、品牌

1）LED 日光灯管支架分类与用途。

按照功率分有 2.5W、4W、7W、10W、12W、15W、18W、21W 等，按照管径大小分有 T5 LED 日光灯管一体化支架，T8 LED 日光管支架，T10 LED 日光管支架。按安装方式分有吸顶式、悬吊式；按照用途分有一体化支架、工程支架、消防支架、三防支架。

① 一体化支架是含光源电器的铝型材支架，主要应用于家居、店铺的背景光带区或展示展览。

② 工程支架（图 6-3），特别适合工厂、学校、商场大面积群灯使用（LED 日光灯管为光源）。

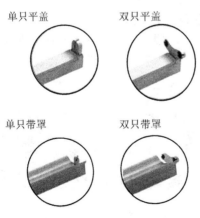

图 6-3　工程支架示意图

③ 消防支架专门适用于各类场所的消防安全通道。灯具带接地保护功能，配装防鼠软管，可外接消防应急装置。

④ 三防支架（图 6-4），应用于地下室、停车场、油站、液化气库、食品仓库等潮湿场所。

图 6-4　三防支架实物图

2）市面常见规格与参数。

LED T5 一体化支架产品的规格功率有 4～14W，长度 0.3m、0.6m、0.9m、1.2m 等规格，型号与外形尺寸、技术参数如表 6-1 所示。

表 6-1　LED T5 一体化支架产品规格

型号	外形尺寸/mm	电源电压/V	整灯功率/W	功率因素	色温/K	显色指数	光通量/lm	寿命/h
T5/1200/6	1200×45×23	220～240	16	0.94	6000	75	1100	30000
T5/600/6	600×45×23	220～240	11	0.92	6000	75	700	30000
T5/300/3	300×45×23	220～240	6	0.90	6000	75	350	30000
T5/1200/3	1200×45×23	220～240	16	0.94	3000	75	1050	30000
T5/600/3	600×45×23	220～240	11	0.92	3000	75	650	30000
T5/300/3	300×45×23	220～240	6	0.90	3000	75	320	30000

3）常见品牌。目前市面上生产 T5 LED 一体化支架比较有影响的品牌企业有飞浦、欧司朗、雷士照明、三雄极光、西顿照明、TCL 照明等。

（2）LED T5 一体化支架结构与电源要求

1）LED T5 一体化支架结构组成。LED T5 一体化支架主要由 PC 罩、LED 灯板、铝合金管、封盖、紧固件、电源（PCBA）等组成。实物图如图 6-5 所示。

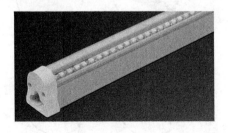

图 6-5　14W LED T5 一体化支架

如图 6-6 所示，支架中的 LED 灯板提供光输出，LED 铝基板提供散热主通道。

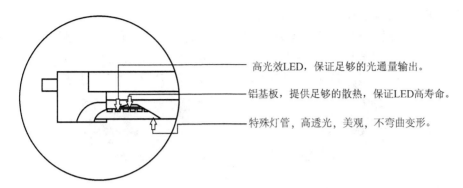

高光效LED，保证足够的光通量输出。

铝基板，提供足够的散热，保证LED高寿命。

特殊灯管，高透光，美观，不弯曲变形。

图 6-6　支架结构细部图

一体化支架的结构组成如图 6-7 所示。PC 罩提高均匀光输出；电源（PCB 线路板）供电；铝合金管提供结构固定与散热作用；封盖起固定与电气连接作用。其他紧固件作固定作用。

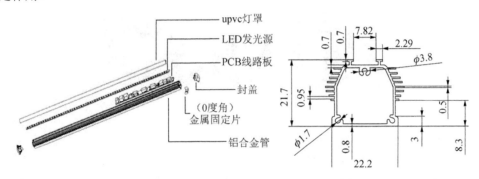

upvc灯罩

LED发光源

PCB线路板

封盖

（0度角）
金属固定片

铝合金管

图 6-7　LED 一体化支架结构示意图

LED 支架的连接电源方式，如图 6-8 所示，支架与支架之间可以串接，并直接接AC 电源。

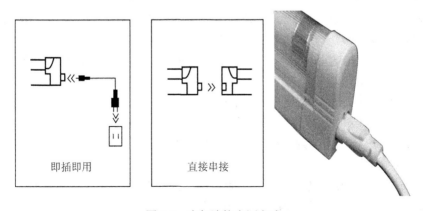

即插即用

直接串接

图 6-8　支架连接电源方式

2）LED 一体化支架驱动电源要求。

① 用于可安装 LED 灯管的支架的电源（带外壳）。带外壳的支架电源如图 6-9 所示，安装固定在支架的外壳底部。电源外壳使用防火阻燃材料。外壳尺寸大小取决于支架结构的设计，要按照 T5/T8 一体化灯具结构尺寸来选定（LED 日光灯管是用外置电源）。

图 6-9　LED 支架电源

② 用于 LED T5 一体化支架的电源（PCB 板不带外壳电源）。T5 一体化支架的电源板直接安装在支架结构内，需要确保绝缘性与注意爬电距离。14W 电源实物如图 6-10 所示。一般用于全塑料支架结构内。

图 6-10　14W 支架电源板

③ LED 支架电源一般客户要求。

最大输出功率：10～22W 功率可选择，与驱动芯片、变压器设计参数有关。

输入电压范围：AC100～240V（大多数市电正常，所以不需要 AC85～265V 的宽范围）。

输出电压范围：60～80V 或 20～40V（DC 范围按照 LED 串并设计要求可选）。

输出电流：120～240mA 或 320～800mA（电流值按照 LED 串并设计要求可选）。

最大转换效率：90%以上（与功率有关，1～7W 效率 0.7 以下，10～16W，效率一般为 0.8 以上，20W 以上效率一般 0.9 以上）。

最大功率因数：0.9 以上（5～9W，PF 值一般 0.7 或以上，9W 以上功率因数 PF 可做到 0.9 以上）。

外形尺寸：257mm×16.5mm×23mm（可选）。

重量：80g（不同型号不同），主要应用于 T5、T8、T10 规格的 LED 日光灯支架灯具，而 LED T5 一体化支架则采用不带外壳的电源板。其尺寸要符合安装时的安全爬电距离要求和绝缘要求。

电源安规要求：高性能、寿命长、有短路、开路保护，通过 CE、EMC、UL 认证标准（认证一般是出口需要，国内进行 3C 论证）。

恒流精度：达 3%，内部温升低，能在−40～60℃正常稳定的工作。

2.　LED T5一体化支架技术参数与特点

（1）LED一体化支架产品的特点

1）节能：相较于同规格的T5传统直管荧光灯管，节电45%以上。

2）照明效果（中心和平均照度）略超过传统直管荧光灯管。

3）环保：无铅无汞，符合RoHS。

4）90%以上物质可回收，符合IEEE。

5）长寿命：可连续使用35000小时以上。

6）健康：无紫外辐射，无红外辐射，无频闪。

7）舒适：无眩光，无暗影，高显色指数（Ra＞80）。

8）灯座：阻燃耐温工程塑胶，安全可靠，灯壳温度低于50℃。

9）可连接成光带使用。

10）美观牢固简洁轻便。

11）表面氧化处理的铝合金外壳或采用高导热塑料结构。

12）抗紫外PC灯罩。

（2）支架技术参数

以LEDT5 14W一体化支架为例，主要技术参数如下。

1）工作电压：AC85～260V。

2）功率：14W。

3）LED光源类型：3528灯珠（可以设计选择不同封装形式的LED），任务实施中的14W支架则采用的是2835 SMDLED灯珠（3.2V，60mA）。

4）灯珠数量：3528 SMD 156pcs（与选用的灯珠功率有关），如采用2835 SMD LED 70个。

5）光通量：1280lm（与选用的LED光效和驱动电源的效率有关）。

6）发光效率：75lm/W（与LED光效、电源效率、PC罩子的透光率有关）。

7）色温：3000～6000K（可以按照不同场合选用）。

8）可视角度：120°。

9）电源：恒流电源。

10）外形尺寸：1200mm。

11）工作环境温度：-20～50℃。

12）寿命：30000～40000小时。

3.　LED T5一体化支架的替换与安装

与传统的日光灯支架安装方法差不多，都是用两枚螺丝固定。如果是替换安装，可以对上安装孔，因为T5一体化是用固定卡固定的，只要把固定卡安装在原来的安装孔位上就行了。

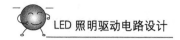

接线方式：T5 一体化是外接线方式，即从灯具两端的任一端接电源，而普通日光灯支架基本是内接线方式即电源接在灯体内部，要从灯具背部进线。

1）支架 L、N 接线按图 6-11 所示连接。

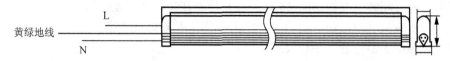

图 6-11 支架 L、N 接线示意图

2）支架安装方法。先在固定墙体上钻二个固定孔位，塞上胶塞（孔距要小于支架长度），其次将固定夹子固定在胶塞上；将一体化 T5 支架扣到固定夹上扣紧；三孔插头的三条线对应市电的 L、零线、N；T5 支架串联连接如图 6-12 所示。如果支架需要连接多只，按图 6-12 所示将连接线分别插入支架两头的三芯孔内。

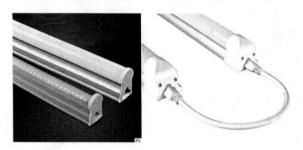

图 6-12 支架串联方法

知识 3　LED 支架驱动电路设计

HT9832SA 是深圳市华芯邦科技有限公司生产的一款高精度的 LED 恒流控制芯片，只需要很少的外围元件，即可实现优异的恒流特性。下面以 HT9832SA 构成的 14W LED 支架电源电路设计方案为例进行学习。

设计规格如下。

输入电压：176～265VAC；

输入频率：50～63Hz；

输出电压：130V；

输出电流：140mA。

1. 驱动电路原理图设计

采用 HT9832SA 驱动芯片作为 LED 日光灯管支架电源的主芯片，驱动电路图设计如图 6-13 所示，是典型的降压式变化电路。驱动电路由浪涌保护、全桥整流滤波、PWM控制驱动电路、储能电感、输出滤波电容、续流二极管等组成。

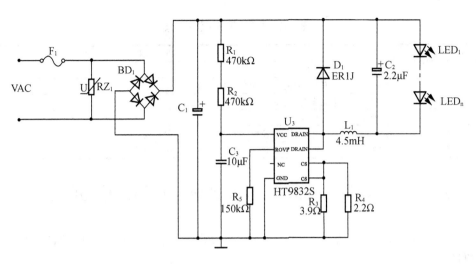

图 6-13　14W LED 支架电源原理图

电感峰值电流计算公式为

$$I_{PK}=\frac{400}{R_{CS}}(mA)$$

LED 输出电流计算公式为

$$I_{LED}=\frac{I_{PK}}{2}$$

式中：I_{PK} 是电感的峰值电流，R_{CS} 为电流采样电阻阻值。

2. 工作原理分析

单片 LED 驱动芯片设计的电源由输入电路：F_1（保险丝）、ZR_1（浪涌电压抑制）、BD_1（整流桥）、C_1 滤波电容构成，将输入的 AC-DC，输入到 DC/DC 变换器电路：驱动 IC U_1 与外围电路组成，其中 R_1、R_2、C_3 启动电路，启动后提供 IC 的 VCC（电源供电），R_5 开路保护电阻，R_3、R_4 并联作为电流检测电阻，控制芯片内开关管的通断来达到恒定电流的目的，开关管导通时，D（漏极）输出，通过 L、C_2、LED 负载形成回路，并给 L、C_2 充电，芯片内开关管截止时 L 通过 D_1（续流管）放电，C_2 通过负载放电。D_1、L_2、C_2 组成输出滤波电路并输出直流信号。

3. 驱动芯片介绍

HT9832SA 是一款高精度的 LED 恒流控制芯片，应用于非隔离的降压型 LED 电源系统，适合全范围的交流电压输入或者 12～500V 的直流电压输入。引脚排列如图 6-14 所示。

引脚功能如表 6-2 所示。

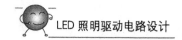

表 6-2 HT9832SA 引脚功能

管脚号	管脚名称	描　　述
1	GND	芯片信号和功率地
2	ROVP	开路保护电压调节端，接电阻到地
3	NC	无连接，建议连接到芯片地（Pin1）
4	NC	芯片电源
5、6	DRAIN	内部高压功率管漏极外部功率 MOS 管栅极驱动
7、8	CS	电流采样端，采样电阻接在 CS 和 GND 端之间

知识 4　市场常见品牌 LED 支架驱动电源规格与特点介绍

目前市场常见 LED 驱动电源品牌有深圳茂硕、东莞富华电子、中国台湾明纬、惠州德亿电子等。

1. LED 一体化支架电源的特点

目前市场的电源厂家与品牌较多，但质量相差比较大，有影响力的品牌的电源一般有下列特点。

1）全电压范围。

2）高效率。

3）高功率因数。

4）符合安规。

5）符合 ROHS。

6）保护电路完善。

7）长寿命。

深圳茂硕电源股份有限公司的支架电源的实物如图 6-15 所示。

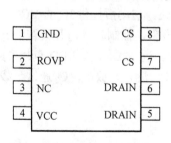

图 6-14 HT9832SA 管脚排列　　　　　　　图 6-15 T5 支架电源实物

2. 常见 T5 支架电源的技术要求、规格型号与参数

（1）LED T5 支架电源的技术要求

一般 LED T5 支架的电源技术要求的内容包含电气性能要求、环境规格、外观尺寸、

可靠性与寿命、电磁兼容特性、安全特性。

其中电气性能要求的项目包括输入电压，输入频率，开机延迟时间，输入线性调整率，输出线性调整率，温度漂移，保护功能包括过压、过流、过温等。

（2）LED 一体化支架电源常见主要规格与参数

深圳茂硕电源股份有限公司生产的 LED 一体化支架电源的主要规格与参数如表 6-3 所示。

表 6-3　LED 一体化支架电源主要规格与参数

输出功率/W	输出电压/V	输出电流/mA	功率因素 PF 值（220V）	效率	THD 谐波失真
9	30～42	200	0.9	0.82	＜20%
10	30～42	220	0.9	0.82	＜20%
12	30～42	280	0.9	0.84	＜20%
13	30～42	300	0.9	0.84	＜20%
16	30～42	380	0.9	0.86	＜20%

任务实施

任务 1　14W LED 支架驱动电源设计与测试

1. 任务描述

设计一款基于 BP2831A 驱动芯片的 14W LED 支架灯电路，并进行电气性能测试，完成 LED 支架灯具组装任务。

设计规格（驱动 2 并 35 串 2835LED）如下。

输入电压：86～264VAC；

输入频率：47～63Hz；

输出电压：110V；

输出电流：120mA。

2. 基于 BP2831A 驱动芯片电源设计方案

（1）驱动电路原理图设计

按驱动电源设计规格要求，本电源方案选用上海晶丰明源半导体有限公司生产的专用于非隔离降压型 LED 恒流驱动芯片 BP2831A 设计，基于驱动芯片 BP2831A 非隔离型的驱动电路原理图如图 6-16 所示。电路由整流、EMI 电路、PWM 控制电路、降压电路等组成。

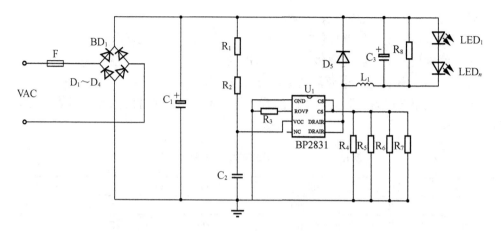

图 6-16   14W LED T5 一体化支架电源理图

（2）驱动芯片 BP2831A 介绍

1）芯片管脚描述如表 6-4 所示。

表 6-4   BP2831A 引脚功能介绍

管脚号	管脚名称	描　　述
1	GND	芯片信号和功率地
2	ROVP	开路保护电压调节端，接电阻到地
3	NC	无连接，建议连接到芯片地（Pin1）
4	NC	芯片电源
5、6	DRAIN	内部高压功率管漏极外部功率 MOS 管栅极驱动
7、8	CS	电流采样端，采样电阻接在 CS 和 GND 端之间

2）芯片特点如下。

BP2831A 是一款高精度降压型 LED 恒流驱动芯片，采用 SOP-8 封装芯片工作在电感电流临界连续模式，适用于 85～265VAC 全范围输入电压的非隔离降压型 LED 恒流电源。

BP2831A 芯片内部集成 500V 功率开关，采用专利的驱动和电流检测方式，芯片的工作电流极低，无须辅助绕组检测和供电，只需要很少的外围元件，即可实现优异的恒流特性，极大地节约了系统成本和体积。

BP2831A 芯片内带有高精度的电流采样电路，同时采用了专利的恒流控制技术，实现高精度的 LED 恒流输出和优异的线电压调整率。芯片工作在电感电流临界模式，输出电流不随电感量和 LED 工作电压的变化而变化，实现优异的负载调整率。BP2831A 具有多重保护功能，包括 LED 开路/短路保护，CS 电阻短路保护，欠压保护，芯片温度过热调节等。

（3）工作原理分析

AC 输入经过 F_1 保险丝，$D_1 \sim D_4$ 整流桥，L_2、C_1、C_4 构成的 EMI 滤波器电路（R_9 与电感并联可以降低电阻，抑制振荡），此时输出的脉动直流电压加到有 U_1、D_5（续流二极管）、L_1（储能电感）构成的非隔离降压式 DC-DC 变换器电路，C_3 滤波，R_8 假负载。$R_4 \sim R_7$ 电流采样电阻，R_1、R_2、C_2 组成电源启动电路提高 IC 供电。R_3（接地）开路保护电压调节用。

（4）恒流输出电流设计

芯片随周期检测电感的峰值电流，CS 端连接到内部的峰值电流比较器的输入端，与内部 400MV 阀值电压进行比较，当 CS 电压达到内部检测阀值时，功率管关断。

电感峰值电流公式为

$$I_{PK} = \frac{400}{R_{CS}}(\text{mA})$$

式中：R_{CS} 为电流采样电阻。

LED 输出电流计算公式为

$$I_{LED} = \frac{I_{PK}}{2}$$

（5）储能电感设计

储能电感的计算公式为

$$L = \frac{V_{LED} \times (V_{IN} - V_{LED})}{f_s \times I_{PK} \times V_{IN}}$$

式中：f_s 为系统工作频率。BP2831 的系统工作频率和输入电压成正比关系，设置 BP2831 系统工作频率时，选择在输入电压最低时设置系统的最低工作频率，而当输入电压最高时，系统的工作频率也最高。

（6）过压保护电阻设置

开路保护电压可以通过 ROVP 引脚电阻来设置，ROVP 引脚电压为 0.5V。当 LED 开路时，输出电压逐渐上升，退磁时间变短。因此，可以根据需要设定的开路保护电压，来计算退磁时间 T_{ovp}。然后根据 T_{ovp} 时间来计算 ROVP 的电阻。

$$\text{ROVP} = 15 \times T_{OVP} \times 106(\text{k}\Omega)$$

式中：T_{OVP} 计算公式为

$$T_{OVP} \approx \frac{L \times V_{CS}}{R_{CS} \times V_{OVP}}$$

式中：V_{CS} 是 CS 光断阀值（400mV），V_{OVP} 是需要设定的过压保护点。

（7）PCB 设计要求

在设计 BP2831 PCB 时，需要遵循以下原则。

1）旁路电容：VCC 的旁路电容需要紧靠芯片 VCC 和 GND 引脚。

2）ROVP 电阻：开路保护电压设置电阻需要尽量靠近芯片 ROVP 引脚。

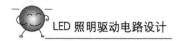
3）地线：电流采样电阻的功率地线尽可能短，且要和芯片的地线及其他小信号的地线分头接到母线电容的地端。

4）功率环路的面积：减小功率环路的面积，如功率电感、功率管、母线电容的环路面积，以及功率电感、续流二极管、输出电容的环路面积，以减小 EMI 辐射。

5）NC 引脚：NC 引脚必须悬空以保证芯片引脚间距离满足爬电距离。

6）DRAIN 引脚：增加 DRAIN 引脚的铺铜面积以提高芯片散热。

（8）电源 PCB 布线

电源 PCB 布线参考如图 6-17 所示。

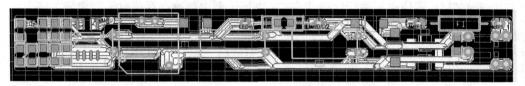

图 6-17　T5 支架 14W 驱动电源 PCB 排版图

（9）元器件清单

元器件清单如表 6-5 所示。

表 6-5　14W 支架电源 BOM

物料名称	规格型号	单位	用量	位置号
保险电阻	保险电阻/RF 6.8Ω ±5% 1W DIP，K 脚（卧式切角成型，P：16 ±0.5mm，脚径 0.6mm）	PCS	1	F_1
固定电容	金属薄膜电容 0.047μF ±10%/630V，P7.5mm，RoHS	PCS	1	C_3
电解电容	E-CAP 4.7μF±20%/400V，105℃/5000h（φ8×12）PIN＝5mm 高频低阻，RoHS，K 脚，引线高 6±1.0mm	PCS	1	C_1
变压器	Power transformer，EPC13 5＋5PIN 3.1mH ±5%（TT-0960140-BP）	PCS	1	T_1
电阻	贴片电阻/15kΩ ±5% 0805	PCS	1	R_3
电阻	贴片电阻/CHIP RESISTOR 150kΩ ±5% 1206 1/4W	PCS	1	R_8
电阻	SMD Resistor，430kΩ（±5%），1/8W，0805	PCS	2	R_1，R_2
电阻	贴片电阻/CHIP RESISTOR 5.1Ω ±1% 0805 1/8W	PCS	3	R_5，R_6，R_7
电阻	SMD Resistor，6.8Ω（±1%），1/8W，0805	PCS	1	R_4
固定电容	贴片电容/1.0uF ±10% 50V 0805 X7R（编带料）	PCS	1	C_2
半导体器件	贴片二极管/M7	PCS	4	D_1，D_2，D_3，D_4
半导体器件	IC Controller BP2831A SO-8	PCS	1	IC_1
半导体器件	贴片快速二极管/ES1J/1A600V/恢复时间≤35ns/SMA	PCS	1	D_5
印刷电路板	PCB：FR-4 双面板 1.0mm×61.2mm×14mm TCL13-033-A3	PCS	1	

3. LED日光灯管支架电源测试

按照表6-6的要求进行测试，并将结果填入空白处。

表6-6 测试项目

项目 输入电压/频率	空载			额定负载		
	电压	空载功耗	纹波与噪声	功率因数PF	输入功率	效率
110V/50Hz			—			
220V/50Hz			—			
240V/50Hz			—			

任务2 一体化LED支架灯的装配

1. 准备工作

1）设备与仪器：工作台、功率计、老化架。

2）材料：14W LED T5一体化支架BOM套料（表6-7）。

3）工具：电烙铁、防静电环、螺丝批（或电批）。

表6-7 LED T5 14W 一体化支架BOM清单

物料名称	规格型号	单位	单位用量	位置号
彩盒	彩盒35×25×1200（mm）（350g粉灰，上盖下盖）	PCS	1	
卡通箱	卡通箱1235×230×140（mm）（A=A）	PCS	0.0333	
标签	合格证标签30×12（80g铜板标签纸）	PCS	1	
LED半成品组件	LED T5一体化全塑支架/14W/5700K/1175mm木林森灯珠配套	PCS	1	
电源线	输入线：蓝色24# AWG 80°C PVC线 总长50mm，一端浸锡5mm，一端浸锡2.5mm	PCS	1	焊接灯板N线
电源线	输入线：褐色24#AWG80°C PVC线 总长50mm，一端浸锡5mm，一端浸锡2.5mm	PCS	1	焊接灯板L线
电源线	输出线：黑色PVC线 线径0.2mm^2 L:110mm，一端浸锡5mm，一端浸锡3.5mm	PCS	1	LED—
电源线	输出线：红色PVC线 线径0.2mm^2 L:110mm，一端浸锡5mm，一端浸锡3.5mm	PCS	1	LED+
T5灯座（断线）	压铆褐色蓝色24# AWG 80°C PVC线 线长50mm，一端浸锡2.5mm	PCS	1	焊接电源板L/N线
T5支架灯体	双色共挤PC，1175×33.5×22.5（mm），透光率85%以上	PCS	1	
配件包	木螺丝/挂板/壁虎嘅两只；双芯对接插头，插头线及端盖各一只，用自封PE袋封装	套	1	

续表

物料名称	规格型号	单位	单位用量	位置号
LED 光源组件	光源/输入功率：14W/输入：110V/0.12A/5700K/2835/2 并 35 串/木林森灯珠配套	PCS	1	
印刷电路板	PCB/FR-1/单面板：1.0mm×1172mm×11mm/2 并 35 串 2835LEDs/TCL-LB-021-A4	PCS	1	
LED 灯珠	LED 2835/（Vf：2.8-3.4V/60mA）（Φmin：2.8V/60mA＞20 Lm）/5400-6300K/Ra＞70/	PCS	70	LED1-LED70
LED 驱动电源	内置电源/非隔离 14W 电源 IN：176～264VAC 50/60Hz OUT：110VDC/0.12A/灯珠配套	PCS	1	

2. LED T5 一体化支架（全塑）装配作业

（1）作业流程

焊灯座与电源板电源线→LED 灯板加工→焊接灯座电源线到灯板→灯板测试→（不带电源板）带灯座灯板装入塑管→焊接电源输入线与 DC 输出线→电源板（连接灯座的）入塑管→锁紧灯座→测试→包装。

（2）作业步骤

1）焊接电源线。如图 6-18 所示，将一体化支架灯座（短线）焊接于 PCB，蓝色焊接 "N" 孔，褐色焊接于 "L" 孔位固定。注意检查有无焊接不良的现象。

图 6-18　焊接灯座电源线

2）LED 灯板焊点上锡与分板。在实际生产车间 LED 灯板是拼在一起的，需要分开，在焊锡点上锡。如图 6-19 所示，按要求在焊点处上锡，并分板（按安全操作规程执行）。

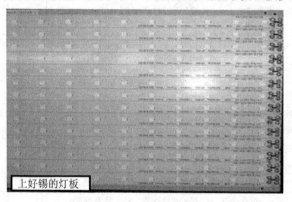

图 6-19　上锡与分板

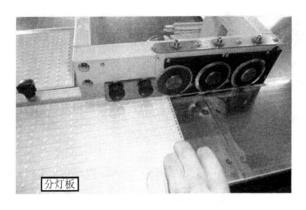

图 6-19　上锡与分板（续）

3）焊灯座电源线。如图 6-20 所示，将灯座线与灯板的焊接点进行焊接，将一体化支架灯座（短线）焊接于 PCB，蓝色焊接"N"孔，褐色焊接于"L"孔位固定。注意检查有无虚焊等不良现象。

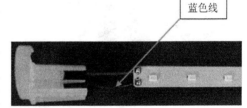

4）灯板测试。按图 6-21 所示，将 LED 灯板放入测试夹具并进行点亮测试。打开电源开关；检查电源指示灯是否通电；检查好所有机型有无损坏。如无，则将支架放入测试夹具对位装好；脚踩脚踏开关，开始进行通电测试。

图 6-20　焊接灯座 L、N 线

检查点亮后通电指示灯是否全部发亮，如果任意一个灯不亮则挑选出对应的支架并做好记录。

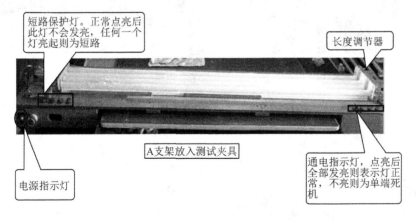

图 6-21　LED 灯板点亮测试

5）灯板、灯座入塑管。如图 6-22 所示，依次将灯板、电源线装入塑料外壳内，最后固定灯座，灯座不能有松动及合不到位等不良现象。

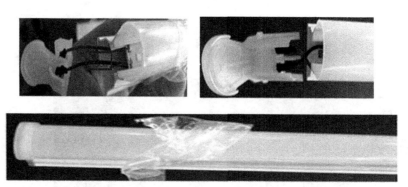

图 6-22　灯板、灯座安装

6）焊接电源线（DC＋－）。按图 6-23 所示，分别将电源板的 DC 线，焊接到灯板上对应的焊点（标有＋、－）。

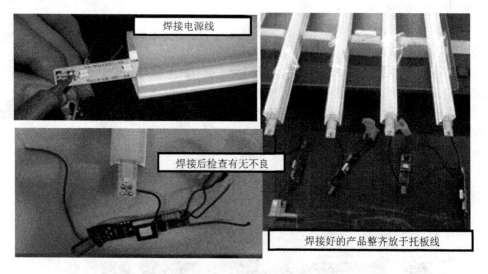

图 6-23　焊接 DC 电源线

7）焊接 AC 电源线。如图 6-24 所示，将 AC 电源线对应焊接到基板的焊点。

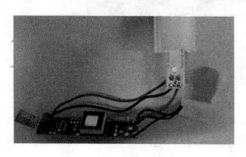

图 6-24　焊接 AC 线

8）LED 全塑支架测试。如图 6-25 所示，把测试插头插入支架灯座的一端，支架通电点亮。看其功率是否正常（参照参数测试表），检查灯座两端是否有线影；测试良品流入下一工序，不良品标识后放入不良品箱。

9）包装。如图 6-26 所示，包装流程包含贴标签合格证、入彩盒、装配件、入卡通箱。

关键工序
Key Proces

成品支架

测试插头插入支架

测试中

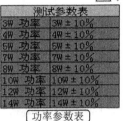

测试参数表	
3W　功率	3W ± 10%
4W　功率	4W ± 10%
5W　功率	5W ± 10%
7W　功率	7W ± 10%
8W　功率	8W ± 10%
10W　功率	10W ± 10%
12W　功率	12W ± 10%
14W　功率	14W ± 10%

功率参数表

图 6-25　支架测试

贴合格证

支架装入彩盒

装配件

点选产品货号/功
率/色温并填写毛
重及生产日期

装好彩盒的支架整齐装入卡通箱内

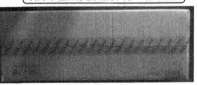

封箱，并在卡通箱上盖生产批号印章

图 6-26　支架包装

169

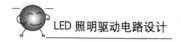

拓展与练习

检 测 系 统

1. EMC 检测

（1）EMC500 电磁兼容–传导干扰测试系统
测试连接如图 6-27 所示。

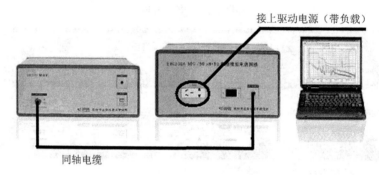

接上驱动电源（带负载）

同轴电缆

图 6-27　EMC 测试连接图

（2）EMC 测试流程

1）在单相模拟电路网络器接上驱动电源（带负载）。

2）用同轴电缆把 EMC 的接收机和单相模拟电路网络器连接（单相模拟电路网络器 L/N 开关挡打在 L 挡）。

3）打开接收机电源及软件，单击"测试"按钮开始测试，测完后单击"综测"按钮进行综测设置采样 6 个点到处报表，然后单击"超标数据导出"按钮查看超标数据。

4）L 挡测试完后把单相模拟电路网络器 L/N 开关挡打在 N 挡单击"测试"按钮开始测试。

备注：在更换驱动电源时一要先拔掉同轴电缆再更换否则会造成接收机损坏。根据传导干扰检测标准，L、N 相曲线图的绿色曲线不得超过红色测试区间线，蓝色曲线不得超过蓝色区间线，而且要根据 L、N 综测报表查看平均差值分贝＞3dB。查看超标数据库如有超标判别不合格。

2. 雷击浪涌测试

（1）EMS61000-5B 雷击浪涌测试仪
雷击浪涌测试仪如图 6-28 所示。

（2）测试步骤

1）在 EMS61000-5B 雷击浪涌测试议接上驱动电源（带负载）。

2）打开电源调节电压旋钮使其脉冲电压 1.5kV 调节相位按钮为 0° 相位调节±极按

钮为＋，设置时间为 60s 和冲击次数为 5 次，调节接地按钮为 L、N 都不接地，按下测试按钮进行测试观察驱动电源是否有异常（有无异味、有无响声、有无爆裂声、有无烟）。

接上驱动电源（带负载）

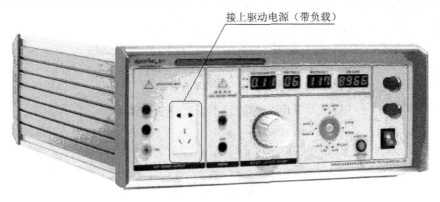

图 6-28　雷击浪涌测试代

3）参数设定：脉冲电压 1.5kV 每个相位（±0° 相位，±90° 相位，±180° 相位，±270° 相位）冲击 5 次每次 60s。

4）根据雷击浪涌测试标准应电源完可正常工作、无异味、无响声、无爆裂声、无烟。

注意：此项测试要注意高压。在测试时手不要接触驱动电源、雷击浪涌测试仪，离仪器要有半米距离。如有驱动电源爆裂声、冒烟请按下急停按钮。

3. 高低压冲击测试

1）TDGC2-1KVA 调压器如图 6-29 所示。

2）测试仪器连接原理图如图 6-30 所示。

3）高低压冲击测试步骤

① 将驱动电源（带负载）接上 DGC2-1KVA 调压器，将调压器接上电源。调节电压旋钮为 150V 打开开关点亮 5 分钟然后关掉开关 1 分钟，测试 5 次查看电源完可正常工作、有无异味、有无响声、有无爆裂声、有无烟。

图 6-29　调压器

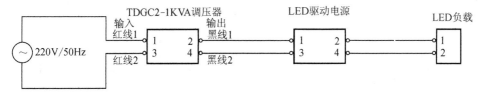

图 6-30　高低压冲击测试

② 参数设定：150V、260V 各冲击 5 次每次开 5 分钟关 1 分钟。

③ 根据高低压冲击标准应电源完可正常工作、无异味、无响声、无爆裂声、无烟。

练习与思考

（1）LED 日光灯支架的特点与应用场合有哪些？
（2）请指出 LEDT5 日光灯支架引用的标准有哪些？
（3）请描述 LED 日光灯支架的结构组成与各部分的主要作用。
（4）LED 日光灯支架的技术参数与特点主要有哪些？
（5）请描述 LED 日光灯支架的安装步骤与注意事项。
（6）请指出 LED 日光灯支架电源的技术要求和主要技术参数有哪些？
（7）BP2831A 芯片的特点有哪些？
（8）试设计适配 LEDT5/300/3 日光灯支架电源的驱动电路。

考核与评价

　　任务实施完成后，要求每一位同学对任务完成情况总结并进行课堂交流分享。同时老师结合产品质量、班级纪律记录与各个小组的评价对每一位同学进行综合评价。详见学习任务学生综合评价表。

学习任务学生综合评价表

任务名称：_____

班级名称：_____ 学生姓名：_____ 所属小组：_____ 岗位名称：_____

项目名称	评 价 内 容	配分	评价分数		
			自评	组评	师评
职业素养 40%	劳动保护穿戴整齐，仪容仪表符合规范，文明礼仪	6分			
	有较强的安全意识、责任意识、服从意识	6分			
	积极参加教学活动，善于团队合作，按时完成任务	10分			
	能主动与老师、管理人员、小组成员有效沟通，积极展示工作进度成果	6分			
	劳动组织纪律（按照平时学习纪律考核记录表）	6分			
	学习用品、实训工具、材料摆放整齐，及时清扫清洁，生产现场符合 6S 管理标准	6分			
专业能力 60%	上课能专心听讲，笔记完整规范，专业知识掌握比较好	12分			
	技能操作符合规范，符合产品组装工艺，元器件识别正确、有质量意识	18分			
	勤学苦练、操作娴熟，工作效率高，总结评价真实、合理、客观	12分			
	电子产品的验收质量情况（参照企业产品验收标准及评分表）	18分			
总　分					
总评	自评×20%＋组评×20%＋师评×60%＝		综合等级	教师（签名）： 年　月　日	

　　注：学习任务评价按自我评价、组长评价和教师评价 3 种方式，考核分为：A（100～90）、B（89～80）、C（79～70）、D（69～60）、E（59～0）5 个级别。

项目七 LED 平板灯照明驱动设计与应用

学习目标

1. 熟悉 LED 平板灯的特点与应用场合；
2. 掌握 LED 平板灯的结构组成与安装方法；
3. 掌握 LED 平板灯的技术参数；
4. 熟悉 LED 平板灯驱动电源的工作原理与基本设计方法；
5. 熟悉并掌握 LED 平板灯的电子组装方法。

传统格栅灯盘灯具被广泛用于学校，工厂，医院，办公室，商业照明等场所，由于 LED 的优点，最先 LED 日光灯管逐步替换传统的荧光灯管，最早的 LED 灯盘就是基于这种结构而发展起来的。而 LED 平板灯与 LED 格栅灯盘不同，是基于 LED 光源、导光板、电器、灯体的一体化结构，它作为新一代灯具是传统灯具的替代品已经被大量采用。本项目就是结合市场常用的 LED 平板灯的规格与特点、技术参数与相应的驱动电源方案和 LED 平板灯产品电子组装进行学习。

相关知识

知识 1 LED 平板灯照明应用和标准

1. LED 平板灯优点与应用场合

LED 平板灯是一款美观高档的室内照明灯具，其外边框由铝合金经阳极氧化而成，光源为 LED，整个灯具设计美观简洁、大气豪华，既有良好的照明效果，又能给人带来美的感受。LED 平板灯设计独特，光经过高透光率的导光板后形成一种均匀的平面发光效果，照度均匀性好、光线柔和、舒适而不失明亮，可有效缓解眼疲劳。

LED 平板灯的主要性能及优点如下。

（1）LED 平板灯设计灵活

LED 是一种点状发光体，设计人员通过点、线、面的灵活组合，可按客户要求设计各种不同形状、不同颗粒的光源，其设计非常灵活。

（2）LED 平板灯照明可以实现高亮度

LED 平板灯采用了发光均匀的反光平板及密封式设计，配合高效导光板及铝合金材料制成。发光效果均匀，照度更高。

（3）LED 平板灯发热少

LED 平板灯外形轻薄，散热功能完备，功率低，发热少。

（4）LED 平板灯寿命长

LED 理论寿命长达 10 万小时。实际 LED 灯具 3.5 万小时以上。

（5）LED 平板灯变化方式多样

LED 平板灯可以根据不同的需要和环境变化调节光色，不仅没有辐射和炫光的产生，而且可以保护视力，光色更为温和。

（6）LED 平板灯抗振力强

在 LED 平板灯中，LED 光源是一种高硬度树脂发光体而非钨丝玻璃等，不容易损坏，因此其抗振力相对较高，环境温度适应力强。

（7）LED 平板灯可以动态控制

LED 平板灯可通过外接控制器进行各种动态程序的控制，能够进行色温的调控以及明暗程度的调节。

（8）LED 平板灯耗电低

LED 平板灯照明技术还是一项绿色照明技术，产品不含汞、废弃物少、制造过程几乎不存在污染；半导体照明具有可循环、可回收的特点，对经济社会的可持续发展具有重要作用。

LED 一体化平板灯被广泛应用于酒店、会议室、工厂或办公室、商业用途、学校、住宅或公共设施、医院、其他节能需求场所。一款实物图如图 7-1 所示。应用的场所示例如图 7-2 所示。

图 7-1　LED 一体化平板灯实物图　　　　图 7-2　LED 平板灯应用效果图

2. LED 平板灯、LED 灯盘、传统格栅灯盘区别

（1）传统格栅灯盘

1）定义：一种具有防眩格栅的基础照明荧光灯。光源是荧光灯管。

2）分类。

① 按适用光源分为 T5 灯盘 14W、28W（2、3 管）；T8 灯盘 18W、36W（2、3 管）；

PH 灯盘 PLC 灯盘。

　　② 按安装方式分为嵌入式灯盘；吸顶式灯盘；吊线式灯盘。

　　③ 按功能分为（反射器类型）网格栅灯盘；格栅灯盘；塑面灯盘；开放式灯盘；太空灯盘；洁净灯盘组合灯盘。

　　传统灯盘结构如图 7-3 所示，其基本结构组成包括灯体、反射器、电器、关键零部件。

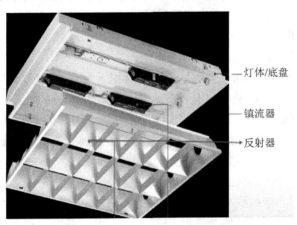

　　灯体/底盘

　　镇流器

　　反射器

图 7-3　典型传统格栅灯盘结构图

（2）LED 灯盘

　　LED 灯盘结构如图 7-4 所示，LED 灯盘在传统灯盘的基础上发展而来。一种是直接改造而成，取消原有的电子镇流器（或电感镇流器与启辉器），将荧光灯替换成 LED 日光灯管（有内置与外置电源之分），对于 LED 日光灯管如是外置电源，需要在 LED 灯盘底部安装 LED 驱动电源；另外一种是将 LED 灯板（铝基板灯板）与驱动电源直接安装在 LED 灯盘散热底部，采用 PC 透光板而形成的 LED 灯盘，如图 7-5 所示。

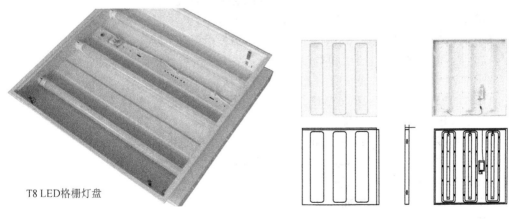

T8 LED格栅灯盘

图 7-4　LED 灯管直接替换荧光灯管的格栅灯盘（未　　图 7-5　可以在灯具底部安装 LED 灯板与驱动
　　　　　安格栅反射器）　　　　　　　　　　　　　　　　　器的 LED 灯盘

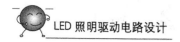

（3）LED 平板灯

1）LED 平板灯的定义：一种应用 LED 光源并且为面发光的灯具，灯具厚度与出光面最大线度（矩形或方形灯具为最长对角线，圆形灯具为直径）之比介于 1/10～1/30 的 LED 灯具。

2）LED 平板灯与 LED 灯盘的区别。

LED 平板灯最初的发源，是为集成吊顶提供照明所用。然而，伴随着 LED 照明技术的进步，人们发现 LED 平板灯在照明领域有更大的发挥空间，特别是对传统格栅灯盘的替代，成为 LED 平板灯最大的潜在市场。

LED 平板灯和 LED 格栅灯盘的区别主要有如下几点。首先，LED 平板灯的光源和灯具基本一体化，而 LED 格栅灯盘的光源则可单独替换。从两者的使用来说，消费者对 LED 格栅灯盘更容易接受。其次，LED 平板灯最大的好处是超薄，比 LED 格栅灯盘更加轻薄，装饰效果更好。第三，LED 格栅灯盘的光效更高，因为配套的 LEDT8/T5 灯管技术趋向成熟，亮度也比较高，价格也相对低廉。

最后，作为两者最大的应用场合，办公照明必须考虑眩光因素。目前，LED 平板灯和 LED 格栅灯盘都能够做到防眩光，基本都符合做办公照明场所的主照明灯具。

至于是选用 LED 平板灯还是选用 LED 格栅灯盘，就要看消费者更注重可替换性、性价比还是注重装饰性了。LED 平板灯的外观与装饰效果更好。

3. LED 平板灯标准要求的主要内容

（1）LED 平板灯执行的标准

LED 灯具执行的标准如下。

GB 7000.1-2007 灯具第一部分：一般要求与实验要求。

GB 7000.201-2008 灯具第 2-1 部分：特殊要求，固定式通用灯具。

GB 7000.202-2008 灯具第 2-2 部分：特殊要求，嵌入式灯具。

GB/T 9468-2008 灯具分布光度测量的一般要求。

GB 17625.1-2003 电磁兼容，限值，谐波电流发射限值（设备每相输入电流≤16A）。

GB 17743-2007 电气照明和类似设备的无线电骚扰特性的限值和测量方法。

GB/T 24826-2009 普通照明用 LED 和 LED 模块、术语和定义。

GB/T 19510.14-2009/IEC61347-2-13：2006 灯的控制装置第 14 部分：LED 模块用直流或交流电子控制特殊要求。

GB 24819-2009/ IEC62031：2008 普通照明用 LED 模块安全要求。

GB/T 24825-2009 LED 模块用直流或交流电子控制装置性能要求。

GB/T 24826-2009 普通照明用 LED 模块性能要求。

LED 平板灯检验的依据如下。

GB 24906-2008 普通照明用 50V 以上自镇流 LED 灯安全要求。

GB/T 24908-2010 普通照明用自镇流 LED 灯性能要求。

GB 17625.1-2003 电磁兼容　限值　谐波电流发射限值（设备每相输入电路≤16A）。
GB/T 20145-2006 灯和灯系统的光生物安全性。

《嵌入式 LED 灯具性能要求》（GB/T 30413-2013），自 2014 年 12 月 1 日起正式实施。

（2）LED 平板灯的主要技术要求

一般来说 LED 平板灯技术要求的主要参数包括额定功率、额定光通量、灯具效率、相关色温（CCT）、显色指数（CRI）额定寿命（流明维持率）、环境温度要求（室内灯具）。

知识 2　LED 平板灯的规格与技术参数

1. LED 平板灯常见规格、品牌、产品结构组成

（1）LED 平板灯常见规格、品牌

1）LED 平板灯规格分类。

① 按照形状分为圆形、方形、外方内圆形。

② 按安装方式分为嵌入式、固定式，其中固定式分为吸顶式和吊顶式。

③ 按照光通量分为 300lm、400lm、600lm、800lm、1500lm、2000lm、2500lm、3000lm 等。

④ 按尺寸分为方形 LED 平板常见尺寸分为 300mm×300mm，600mm×600mm，300mm×1200mm，600mm×1200mm；圆形 LED 平板的尺寸分为直径 145mm，直径 180mm，直径 240mm 等。

2）LED 平板灯市面常见规格。

LED 平板灯常见规格如表 7-1 所示。

表 7-1　某企业 LED 平板灯规格与参数列表

序号	参数	300×300	600×600	300×600	300×1300	600×1300	备注
1	额定功率	10W	40W	20W	40W	80W	
2	开孔尺寸/mm	280×280	580×580	280×580	280×1180	580×1180	开孔尺寸只用卡盘嵌入式
3	色温	2500～6500K（色温可以按客户要求定制）					
4	显色指数	Ra≥65/Ra≥85					
5	光通量 lm	650	2600	1300	2600	5200	
6	发光颜色	正白、暖白、冷白		正白、暖白、冷白、红、黄、蓝等			

3）LED 平板灯常见品牌。LED 平板灯的生产厂家比较多，在市场比较有影响力的国内品牌还是在传统照明灯具比较有影响的老品牌，这些品牌包含雷士照明、西顿照明、TCL 照明、欧普照明等。

（2）LED 平板灯结构与电源要求

1）LED 平板灯结构组成。LED 平板灯主要材料由面板灯铝框、LED 光源、LED

导光板、LED 扩散板、反光纸、后盖板、驱动电源组成，如图 7-6 所示。

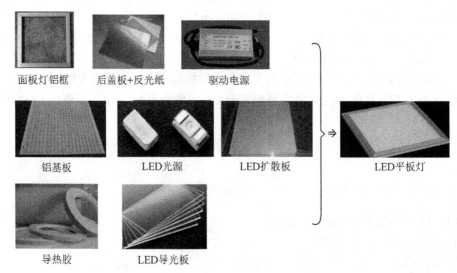

图 7-6　LED 一体化平板灯的组成

各部分部件介绍如下。

① 面板灯铝框是 LED 散热的主要通道，外观简单大方，使用 T6063，拉伸模具，开模费用低，加工费用也低；拉伸的铝框架 IP 等级不是很高，表面质感好，整体美观。

② LED 光源。通常 LED 灯珠使用 5630，也有人使用 3528 和 3014。3014 和 3528 成本低，光效略差些，关键是其导光网点设计困难。如采用 5630 灯珠（三星），显色指数＞80，光效＞110lm/W 则亮度高、通用性好。

③ LED 导光板。将侧面 LED 光通过网点折射使光线从正面均匀导出，导光板是 LED 面板灯质量控制的关键点。网点设计不好，看到的整体光效就很差，出光不均匀，还会出现中间亮两边暗，或者出现进光处有亮光带，或者可见局部暗区，再或出现不同角度亮度不一致。要提高导光板的光效主要靠网点的设计，其次是板材的质量，但是没必要迷信一线名牌的板材，合格板材之间的透光率通常相差无几。一般的小 LED 灯工厂都是直接买公用的导光板使用，就不需要重新打样设计，较多厂家使用的公版通常质量合格。

④ LED 扩散板。将导光板的光均匀导出，还能起到模糊网点作用。扩散板一般使用亚克力 2.0 的板材或 PC 料，差点的就是 PS 材料，亚克力的成本较低且透光率比 PC 稍高，亚克力抗老化性能弱，PC 的价格稍微昂贵，但抗老化性能强。扩散板在装上以后不能看到网点，且透光率要在 90% 左右。亚克力透光率在 92%，PC 为 88%，PS 大概也就 80%，大家可以根据需求进行扩散板材料的选择，目前多数厂商都是采用亚克力的材料。

⑤ 反光纸。将导光板背面余光反射出去以提高光效，一般为 RW250。

⑥ 后盖板。主要作用就是密封 LED 面板灯，一般用 1060 铝，还可起到一点的散热作用。

⑦ 驱动电源。目前有2种LED驱动电源。一是使用恒流电源，此模式效率高，PF值高达0.95，性价比高；二是使用恒压带恒流电源，性能稳定，但是效率低，成本高，一般使用这种电源主要是出口，对方要求有认证的要求，须使用有产品安全标准认证的电源。其实家庭使用恒流电源是很安全的。因为用户都难以接触到电源，而灯体本身使用的是安全的低压电。

2) LED平板灯发光原理如图7-7所示。

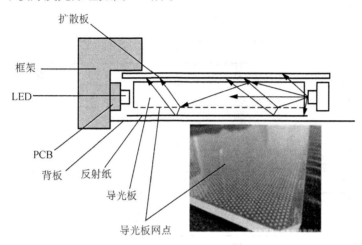

图7-7　LED平板灯发光原理图

① 扩散板：均匀光线作用。

② 导光板：光线导向作用。

③ 反光纸：光线反射作用。

LED光源一般采用高亮度贴片LED灯珠。

3) LED平板灯驱动电源设计要求。LED平板灯为了保障LED灯的散热需要，现多采用全铝材结构作为腔体兼具散热作用。铝材灯体的非绝缘性，要求采用隔离电源才能有基本的安全保障，同时也才能提供持续恒定的电流，保障灯珠的长寿命使用。

2. LED 平板灯特点与技术参数

（1）LED平板灯产品的特点

市面上平板灯常见弊端：光衰问题、色差问题、发光面斑点、发光面流水状、产品变形。

LED平板灯具有的特点如下。

1) 灯具采用优质铝材，散热性优良。

2) 灯具光源采用超亮大功率LED灯珠，内置恒流驱动电源，宽电压范围，性能稳定，出光均匀。

3）绿色环保，无紫外线、红外线的辐射，光照发热少，不含汞等有害物质。

4）超长寿命，5 万～8 万小时。

5）安装方便，可以吊挂、嵌入、吸顶。

6）启动快，没有闪烁现象，没有噪声，不易产生视觉疲劳。

7）具有客户可选的遥控、调光、应急照明功能。

（2）LED 平板灯技术参数

以 40W LED 方形平板灯的技术参数为例，如表 7-2 所示。

表 7-2　40W LED 方形平板灯技术参数

序　号	技术参数项目	描　述
1	输入电压	100～240VAC
2	功率	40W
3	光通量	≥2400lm
4	色温	3000～6500K（可选）
5	使用寿命	＞35000h
6	工作环境温度	−30～40℃
7	工作湿度	10%～80%
8	所获证书	CE，ROHS（客户可选）
9	防护等级	IP40
10	尺寸	597mm×597mm×13mm
11	净重	2.034kg
12	安装方式	嵌入；吊装

3. LED 平板灯的安装

LED 平板灯安装方式有 3 种：嵌入、吸顶、吊顶，如图 7-8 所示。

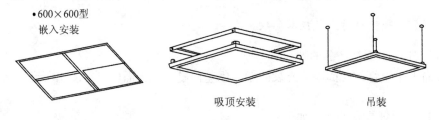

•600×600型
嵌入安装

吸顶安装　　　　吊装

图 7-8　3 种安装方式

产品安装注意事项如下。

1）产品必须由持证的专业电工安装。

2）从包装箱里拿出时要检查产品的完整性。

3）产品与易燃材料要保证至少 0.2m 距离，要保证被安装的天顶有 2cm 高的间隙，灯具不能全部安装在天顶的里面，或有热源的墙边，要注意低压电与高压电连线分开走线。

4）灯具上的连线可以从钻孔中通过，与灯具后面的连线可以用电线夹固定，要确保固定牢固。

5）要确保灯具的电源线有足够的长度，不要受到张力或切向力。安装灯具的连线时避免过大的拉力，不要使连线打结。输出连线要注意区分，不要和其他灯具混淆。

6）安装好后，将灯具低压插头与开关电源低压插头进行连接。

7）将灯具的开关电源尾巴连线与市电进行连接，通常棕色（黑色）线为火线，蓝色线为零线。

8）要使用灯具的 LED 专用驱动器，不要和其他的灯具混用。

9）不要将灯具电源，驱动器的铭牌撕掉。

嵌入式方形平板灯安装步骤如图 7-9 所示。

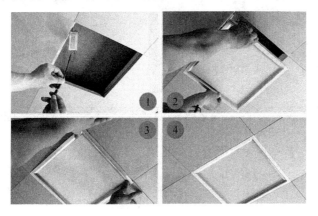

图 7-9　安装图

1）取下天花板，将电源线连接好。

2）将平板灯放入卡位内。

3）平板灯放平稳调整。安装完毕。

① 嵌入式。适合带卡簧圆形平板灯的安装如图 7-10 所示，类似筒灯的安装方式，需要在天花板上开孔（小于面板灯尺寸），然后依靠弹簧的弹力将灯具吸附在天花板上。

② 悬挂式（吊装）平板灯安装。安装示意图如图 7-11 所示，依次安装膨胀胶粒、螺丝、吊装线、连接电源线（中央）、检查、测试。

③ 吸顶式。适用于所有尺寸的面板灯。吊顶为实体墙结构。先将吸顶框架安装于墙面，再将灯具锁入吸顶框架内，图 7-12 所示是 LED 平板灯吸顶安装步骤分解图。

安装方法如图 7-13 所示。

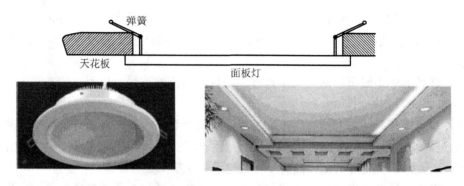

图 7-10　带卡簧圆形平板灯安装

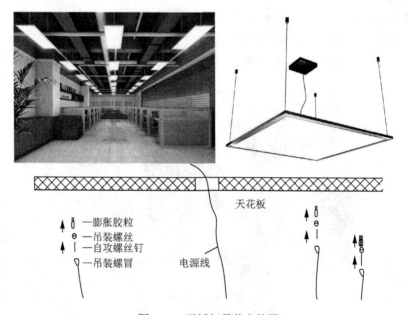

图 7-11　平板灯吊装安装图

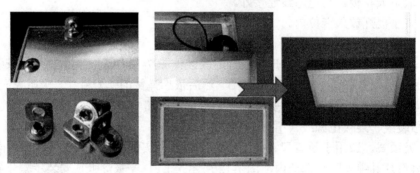

图 7-12　LED 平板灯吸顶安装步骤分解图

安装步骤
1. 安装螺钉固定底框。
2. 电器与面框安装。
3. 固定面框。
4. 卡紧面框。

图 7-13　LED 平板灯吸顶安装图

知识 3　LED 平板灯驱动电路设计

　　LED 平板灯驱动电源有隔离、非隔离之分，采用国产驱动芯片的方案比较成熟。下面以杭州士兰微电子的驱动芯片 SD6800 构成的 40W LED 隔离驱动电源设计为例进行学习。

1. 驱动电源原理图设计

　　40W 驱动电源原理图设计如图 7-14～图 7-16 所示。该电源提供输入电压 85～265V，输出电流 1A，输出电压 37～45V，输出功率 40W。

2. 驱动芯片介绍

1）芯片管脚描述如图 7-17 所示。
COMP：放大器输出，外接补偿网络；
FB：反馈电压检测端；
CS：电流采样输入；
D：IC 接地端；
DR：驱动输出，外接功率管栅极；
VCC：IC 供电段；
7、8 NC：空脚。

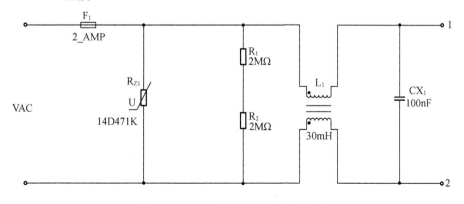

图 7-14　40W 驱动电源输入部分电路

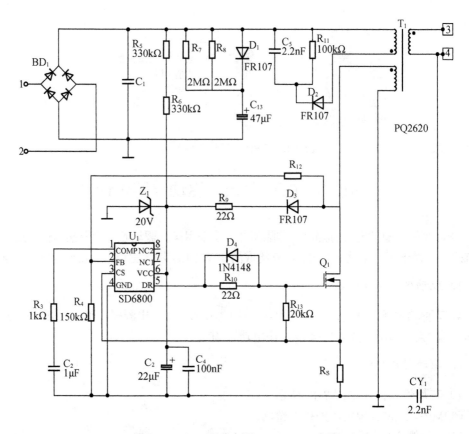

图 7-15　40W 驱动电源 AC-DC-DC 电路

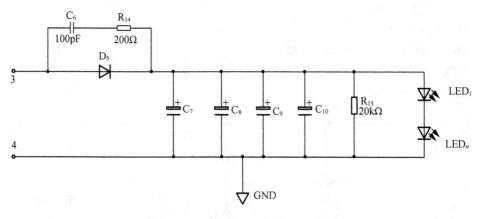

图 7-16　40W 驱动电源输出电路

2）驱动 IC 的主要特点如下。

① 原边控制模式（PSR）。

② 有源功率因数校正功能（APFC）。

③ 较高的电源转换效率。

④ 超低 IC 启动电流，系统快速启动。

⑤ VCC 过压保护，VCC 欠压保护。

⑥ LED 开路保护，LED 短路保护。

⑦ 内置过热保护，稳定关断 LED。

封装形式：SOP-8 如图 7-18 所示。

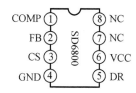

图 7-17　SD6800 引脚功能

图 7-18　SD6800 封装形式

3. 工作原理分析

AC 输入电压经 F_1 保险丝、RZ_1 压敏电阻（瞬态电压抑制）、R_{16}、R_{17} 保护电阻、EMI 电路（L_1 共模电感、差模电容 CX_1）、整流桥、C_1 滤波电容，将高压 DC 信号加到由 T_1（高频变压器）、Q_1（开关管）、D_4 续流二极管构成的 DC-DC 变换器电路，C_6、R_{26} 构成提供瞬态电流保护 D_4 的作用，C_7、C_8、C_{10}、C_{11} 构成输出滤波电路，R_{13} 假负载提供输出开路保护。D_5、C_{13}、R_{24}、R_{25} 构成 PFC 电路提供功率因数校正功能，C_5、R_9、D_3 构成漏极嵌位电路保护开关管的漏极电压过高。R_5、R_6、C_2、C_4 提供启动与供电功能，C_2 储能与滤波的作用。驱动芯片 SD6800 的 VCC 端口是 IC 供电输入端口，有欠压与过压保护功能，D_{15}（整流）、R_4、Z_1（稳压管）与辅助绕组构成电源稳压电路，启动稳定后电压加给 VCC，辅助绕组将反馈电压加到 IC 的 2 脚 FB 端提供原边反馈功能，R_3、R_2 分压电阻。而 $Rs_1 \sim Rs_4$（电流采样电阻）、R_{23} 将采样到的源极电流信号加到 IC 的 CS 电流采样输入端用于控制输出电流值。IC 的 DR 端口提供 Q_1 的 PWM 控制信号，R_7 电阻限流作用，二极管 D_2 提高驱动效率作用。CS 端原边电流采样电阻 RS 大小控制变压器初级峰值电流，输出电流通过变压器输出到负载端。

由于此设计电路属于 PSR（原边反馈），同外围电路元器件选择有一定关系，精密输出电流要通过微调确定。

4. 士兰微公司推荐的应用 SD6800 的驱动电源设计

（1）SD6800 的典型应用驱动电源设计

图 7-19 所示电路是基本的电路，可以按照要求增加 EMI、PFC、保护电路并对变压器设计，最大功率可以达到 45W。

（2）VCC 设计

VCC 脚是给 IC 供电脚，在设计时要注意以下几点。

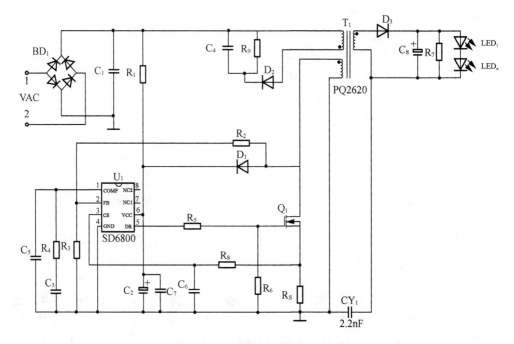

图 7-19　SD6800 典型的应用电路

R_1 为启动之前给 C_2 充电电阻，取值越小，启动时间越短，一般取 $200\sim600\mathrm{k}\Omega$（每个），取值过小会影响系统效率。

C_2 为 VCC 电容，它起到滤波和储能两个作用。一般取 $10\sim22\mu\mathrm{F}$ 电解容，取值越大，启动时间越长。取值不能过小，否则启动易发生 UVLO，LAY 板时注意尽量靠近 IC 放置，同时建议并联陶瓷和稳压管。

当 VCC 达到 16V 时，系统开始工作。当 VCC 下降到 8V 时，系统停止工作。VCC 过压保护点为 23V（注意 VCC 电压纹波）。正常工作时，建议把 VCC 电压设定在 16V 左右。

VCC 辅助绕组供电回路中，建议增加一颗电阻，可以减小辅助源二极管正向峰值电流，同时可以防止由开关噪声引起的 VCC 过高。

VCC 供电回路设计不合理，可能会导致系统无法正常工作。

（3）FB 脚设计

1）FB 脚为"零电流开通检测" 输入端，当此脚电位低于内部基准 V_{ref} 时，IC 内部将驱动输出（DR 脚）置高，开通 MOS 管，使系统工作在临界连续模式。

2）FB 脚也为峰值电流补偿输入脚，通过调节 R_2 的大小来改变补偿量。R_2 减小，补偿量增加；反之，R_2 增大，补偿量会减小。调节 R_2 电阻可以将输入电压线性调整率调好（一般 R_2 电阻值基本会到 150K 以上）。

3）LED 开路保护。反激变压器的辅助绕组可以反射输出电压，当输出 LED 开路时，输出电压会不断上升，则 FB 脚电压也会相应上升，当 FB 电压高于内部基准时（1.42V），就会进入 FB 过压保护，则认定为输出处于开路状态并保护，且可以自动恢复。

4）LED 短路保护。反激变压器辅助绕组可以反射输出电压，当输出 LED 短路时，FB 脚会出现低压状态，当 FB 电压低于内部基准 0.3V 且超出内部设定时间，IC 就会认为输出处于短路状态。关闭系统，等待 VCC 重启。

5）在 LAY 板时，R_2、R_3 要靠近 FB 脚放置。要远离高压母线以及 MOS 管的漏极区域。

（4）CS 脚设计

CS 为电感电流采样输入脚，用于控制输出 LED 电流，典型输出电流计算公式，参考下面公式设计输出电流

$$I_o = \frac{1}{2} \times \frac{0.1}{R_s} \times n$$

式中：n 为变压器匝数比。

（5）GND 脚设计

1）GND 为芯片接地脚，与辅助绕组以及主功率回路地线建议分开接地，避免造成干扰的可能。地线与高压线以及 MOS 管的漏极要保持一定的距离。

若输出电流值已经确定，可以通过选择合适的原副边匝比 n，再根据公式求出大概的采样电阻值（R_s）。由于为 PSR 控制，理论上它与外围器件的特性有一定关系，所以上面公式所得结果与实际会有出入，但不会太大，可以进行适当的微调。

2）系统 LAY 板时，可以参考典型应用原理图的连接方式，可有效防止干扰，而造成电源系统不正常工作。

（6）变压器设计

输出滤波电感的设计，请参考下面简单设计流程。

已知条件：输入电压范围：V_{ac_min}，V_{ac_max}；

额定输出电压：V_O；

输出电流：I_O；

效率：η；

第一，选择合适的原副边匝比 n，反射电压 V_R 一般建议取 120V 以下：

$$n = \frac{N_P}{N_s} = \frac{V_R}{V_O}$$

第二，先设定最低开关频率 f_{s_min}。

第三，计算相应的导通时间 t_{on}：

$$t_{on} = \frac{n \times (V_O + V_F)}{[\sqrt{2} V_{ac\_min} + n \times (V_O + V_F)] \times f_{s\_min}}$$

第四，计算电感量 Lm：

$$Lm = \frac{(V_{ac\_min} \times t_{on})^2 \times \eta \times f_{s\_min}}{2 \times P_O}$$

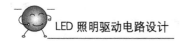

第五，根据磁芯有效面积（A_e）以及最大磁通密度 B_{max}，可以确定原副边绕组线圈匝数

$$N_P = \frac{\sqrt{2} \times V_{ac\_min} \times t_{on}}{A_e \times B_{max}}, \quad N_s = \frac{N_P}{n}$$

第六，辅助供电绕组设计

$$N_a = \frac{V_{CC} \times N_S}{V_O}$$

若输出电压范围要增宽，可以适当增大 V_{CC} 最高工作电压值，但建议不要超过 20V。

知识 4　市场常见 LED 平板灯驱动电源规格与特点介绍

1. 品牌企业 LED 平板灯电源特点

深圳茂硕电源股份有限公司是一家国家级高新技术股份制企业，是国家"十二五"规划期间鼓励发展的节能减碳新能源行业企业之一，也是目前国内最具影响力的 LED 路灯高可靠智能驱动解决方案提供商。自 2006 年成立以来，凭借每年超过 60% 的市场占有率，茂硕电源已被业界公认为"高效节能第一品牌"。生产 LED 平板灯实物如图 7-20 所示，具有的产品特性包括全电压范围、高效率、长寿命、高功率因数、保护电路完善、符合安规。

图 7-20　T5 平板灯电源实物图

2. 常见 LED 平板灯电源的型号与参数

1）40W LED 平板灯电源的技术规格要求的内容如表 7-3 所示。

表 7-3　40W LED 平板灯驱动电源主要技术参数

序号	项　目	规　格	备　注
1	输入电源电压	AC85～264V/50～60Hz	全电压工作范围
2	AC 输入电流	最大 0.1A±0.02A	LED 灯管驱动电源
3	输出驱动功率	8～45W	可根据客户要求定制
4	电源输出方式	限压恒流	以恒流工作，输出最高限压
5	输出电压范围	DC38～45V	实际电源随恒流电流及 LED 串接数量确定
6	设定恒流电流	0.8～1.5A	或按客户要求确定
7	恒流精度	＜±3%	典型值＜±2%
8	纹波电压	＜15%	
9	输入输出隔离	隔离	
10	LED 串并方式	按客户要求定制	
11	转换功率	≥89%	典型值 89%～91%

序号	项 目	规 格	备 注
12	功率因数 PF	≥95%	
13	输出保护	隔离保护	
14	温度补偿		防止高温 LED 光衰
15	外部尺寸	L: 150mm H: 40mm W: 50mm	
16	工作温度	−25～55℃	
17	储运温度	−40～80℃	
18	认证标准	TUV CE	
19	EMC 标准	OK	
20	适用	平板灯电源	

2）LED 平板灯电源常见主要规格与参数。如表 7-4 列出了深圳茂硕电源股份有限公司 LED 平板灯驱动电源的主要规格与参数。

表 7-4 LED 平板灯电源主要规格与参数列表

输出功率 P_o/W	输出电压/V	输出电流/mA	功率因数 PF 值	效率	THD 谐波失真
18	30～42	420	0.9	0.87	<20%
24	30～42	550	0.9	0.87	<20%
36	30～42	840	0.9	0.88	<20%
45	30～42	1050	0.9	0.88	<20%
54	30～42	1280	0.9	0.88	<20%

任务实施

任务 1 40W LED 平板灯驱动电源设计测试

1. 任务描述

设计一款基于 6800 驱动芯片的 40WLED 平板灯驱动电路，并进行电气性能测试，完成 LED 平板灯灯具组装任务。

设计规格如下。

输入电压：100～240VAC；

输入频率：47～63Hz；

输出电压：28～40V；

输出电流：1200mA。

PF：0.9。

2. 40WLED 平板灯驱动电源设计

1）基于 SD6800 驱动芯片 40WLED 驱动电路原理图如图 7-21 所示。

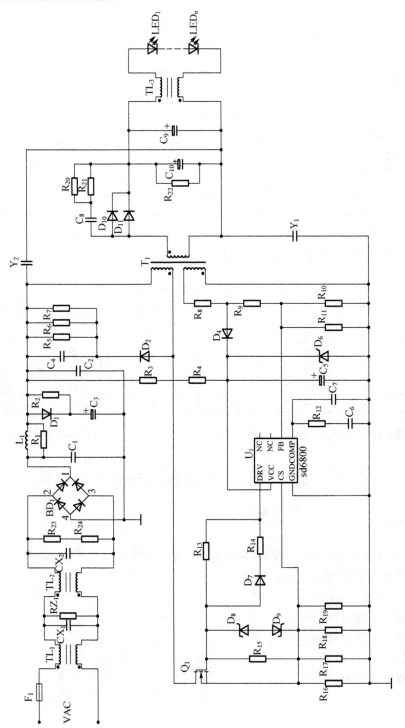

图 7-21　40W LED 平板灯驱动电源原理图

参考 SD6800 驱动芯片恒流源相关知识进行电路设计与分析（功率不同，元件参数不同、部分元件有变化）。

2）原理分析。AC 输入电压经 F_1 保险丝、R_{Z1} 压敏电阻（瞬态电压抑制）、R_{23}，R_{24} 保护电阻、二级 EMI 电路（TL_1、TL_2，L_1 共模电感、差模电容 C_{X1}，C_{X2}、滤波电路 L_1，C_1）、BD_1 整流桥、C_2 滤波电容，将高压 DC 信号加到由 T_1（高频变压器）、Q_1（开关管）、D_{10}，D_{11} 续流二极管构成的 DC-DC 变换器电路，C_8，R_{20}，R_{21} 构成提供瞬态电流保护 D_{10}，D_{11} 的作用，C_9、C_{10}、TL_3 构成输出滤波电路，同时 TL_3 还具有消除负载共模干扰功能，R_{22} 假负载提供输出开路保护。D_1、C_3、R_2 构成 PFC 电路提供功率因素校正功能，C_4、R_5，R_6，R_7，D_2 构成漏极嵌位电路保护开关管的漏极电压过高。R_3、R_4、C_5 提供启动与供电功能，C_5 储能与滤波的作用。驱动芯片 SD6800 的 VCC 端口是 IC 供电输入端口，有欠压与过压保护功能，D_4（整流）、D_6（稳压管）、R_8 与辅助绕组构成电源稳压电路，启动稳定后电压加给 VCC，辅助绕组将反馈电压加到 IC 的 2 脚 FB 端提供原边反馈功能，R_9，R_{10}，R_{11} 分压电阻。而 R_{16}，R_{17}，R_{18}，R_{19}（电流采样电阻）将采样到的源极电流信号加到 IC 的 CS 电流采样输入端用于控制输出电流值。IC 的 DR 端口提供 Q_1 的 PWM 控制信号，R_{13} 电阻限流作用，二极管 D_7，R_{14} 提高驱动效率作用。D_8，D_9 和 R_{15} 起保护作用，防止击穿 MOSFET。

3）PCB 排版图如图 7-22 所示。

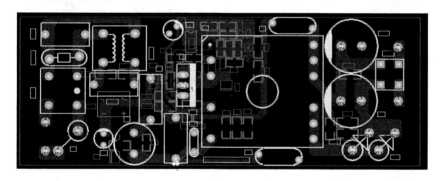

图 7-22　电源 PCB 排版图

4）驱动电源元器件清单如表 7-5 表示。

表 7-5　40WLED 平板灯驱动电源 BOM 清单

物料名称	规格型号	单位	用量	位置号
固定电容	瓷片电容/BN 1nF K 1KV P＝5mm 引脚 4mm	PCS	1	C_4
固定电容	金属薄膜电容 0.1μF ±10%/630V，P10mm，RoHS	PCS	2	C_1，C_2
固定电容	X2 电容 0.1μF±10% 310VACSIZE：P10mm，RoHS	PCS	2	CX_1，CX_2
固定电容	Y1 电容 2200PF ±20% 400V 85℃ P10mm Y1-CAP，编带 RoHS	PCS	2	Y_1，Y_2
电解电容	E-CAP DIP 10μF±20% 50V 6.3mm×11mm 105℃ ，5000h 高频低损	PCS	1	C_5

续表

物料名称	规格型号	单位	用量	位置号
电解电容	E-CAP 2.2μF±20%/400V，105℃/5000h（ϕ6.3×12）PIN＝5mm 高频低阻	PCS	1	C_3
电解电容	电解电容/470μF±20%50V 105℃（ϕ12×20）5000H 高频低损	PCS	2	C_9，C_{10}
半导体器件	MOSFET 12N65，12A/650V，TO-220F	PCS	1	Q_1
压敏电阻	Varistor 560V±10% 10mm 10D561，编带 RoHS	PCS	1	MOV_1
"工"型电感）	Chock inductance 1.5mH±10% ϕ10×12	PCS	1	L_1
保险管	慢断电流保险丝 2A 250V ϕ2.7mm×7mm 陶瓷封装，RoHS	PCS	1	F_1
电线	电线/UL1015 #18AWG 棕色单芯绞线 L：70mm 两端剥头 5mm 上锡	PCS	1	L
电线	电线/UL1015 #18AWG 蓝色单芯绞线 L：70mm 两端剥头 5mm 上锡	PCS	1	N
电线	电线/UL3239 #22AWG 黑色硅胶单芯绞线 L：200mm 两端剥头 5mm 上锡	PCS	1	LED-
电线	电线/UL3239 #22AWG 红色硅胶单芯绞线 L：200mm 两端剥头 5mm 上锡	PCS	1	LED＋
变压器	Common mode inductance T6×3×2＞300uH /10kHz/1V，RoHS 带底座	PCS	1	TL_3
变压器	Common mode inductance T9×5×3＞1.5mH /10kHz/1V，RoHS	PCS	1	TL_1
变压器	Power Transformer，PQ2620 0.44mH ±5% （0311200）	PCS	1	T_1
变压器	共模电感 UU9.8 L＞35mH/1.0kHz@1.0V	PCS	1	TL_2
电阻	贴片电阻/CHIP RESISTOR 10Ω ±5% 0805 1/8W	PCS	1	R_8
电阻	SMD Resistor，1kΩ（±5%），1/8W，0805，RoHS	PCS	1	R_{12}
电阻	贴片电阻/CHIP RESISTOR 100kΩ ±1% 0805 1/8W	PCS	1	R_{11}
电阻	贴片电阻/CHIP RESISTOR 1MΩ ±5% 1206 1/4W	PCS	2	R_{23}，R_{24}
电阻	贴片电阻/CHIP RESISTOR 20kΩ ±1% 0805 1/8W	PCS	1	R_{10}
电阻	SMD Resistor，200kΩ（±5%），1/4W，1206	PCS	1	R_{22}
电阻	SMD Resistor，200kΩ（±1%），1/8W，0805，RoHS	PCS	1	R_9
贴片电阻	贴片电阻/CHIP RESISTOR 22Ω 0805（1/4W）J	PCS	1	R_{14}
电阻	贴片电阻/CHIP RESISTOR 220kΩ ±5% 1206 1/4W	PCS	1	R_2
电阻	贴片电阻/CHIP RESISTOR 330kΩ ±5% 1206 1/4W	PCS	5	R_3，R_4，R_5，R_6，R_7
电阻	贴片电阻/CHIP RESISTOR 47Ω ±5% 1206 1/4W	PCS	2	R_{20}，R_{21}
电阻	SMD Resistor，47Ω（±5%），1/8W，0805，RoHS	PCS	1	R_{13}
电阻	SMD Resistor，5.1kΩ（±5%），1/8W，0805	PCS	1	R_{15}
贴片电阻	贴片电阻/CHIP RESISTOR 5.6kΩ ±5% 0805 1/8W	PCS	1	R_1
电阻	SMD Resistor，0.56Ω（±1%），1/4W，1206	PCS	1	R_{17}
电阻	SMD Resistor，0.62Ω（±1%），1/4W，1206，RoHS	PCS	3	R_{16}，R_{18}，R_{19}
固定电容	SMD Ceramic laminated capacitor 100PF±10% 50V X7R 0805	PCS	1	C_7
固定电容	Cap SMD 1.0UF±10% 25V X7R 0805，RoHS	PCS	1	C_6

续表

物料名称	规格型号	单位	用量	位置号
固定电容	Cap SMD 68PF±10%/1000V X7R 1206	PCS	1	C_8
半导体器件	二极管/1N4148/0.5W/塑封/SOD-123	PCS	1	D_7
半导体器件	贴片二极管/M7	PCS	1	D_2
半导体器件	Switching Diode SMD BAV102 0.25A/200V SOD-123 ，RoHS.	PCS	1	D_4
晶体管	整流桥 DB207S 1000V/2A DB-S	PCS	1	DB_1
半导体器件	高效二极管/HER305/最大反向峰值电压 400V/最大正向电压 3V/DO-201AD	PCS	2	D_{10}, D_{11}
半导体器件	贴片快速二极管/RS1M/1A1000V/≤500ns/SMA	PCS	1	D_1
半导体器件	IC PFC Controller SD6800 SOP-8，RoHS	PCS	1	U_1
半导体器件	Zener Diode SMD 15V ±5% 0.5W SOD-123，RoHS	PCS	2	D_8, D_9
半导体器件	Zener Diode SMD 20V ±5% 0.5W SOD-123	PCS	1	D_6
印刷电路板	双面/FR-4 拼板：厚 1.6mm×长 144mm×宽 99mm 4 拼 1 （TCL14-027-A2）	PCS	1	

5）变压器设计如下，如图 7-23 和图 7-24 所示。

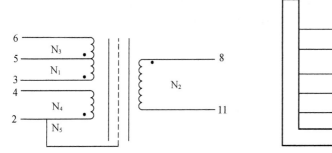

图 7-23 变压器图

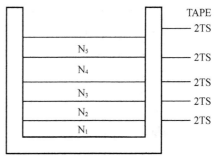

图 7-24 线圈结构图

绕线要求如表 7-6 所示。

表 7-6 变压器绕线要求

线圈	次-初级	线规格	匝数	绝缘胶带
N_1	3～5	2UEW-B ϕ0.4×1P	20	2TS
N_2	8～11	TEX-E ϕ0.4×2P	11	2TS
N_3	5～6	2UEW-B ϕ0.4×1P	20	2TS
N_4	2～4	2UEW-B ϕ0.2×1P	6	2TS
N_5	2～NC	背胶铜箔 0.05×8	0.9	2TS

3. 电源测试

按照表 7-7 的要求进行测试，并将结果填入空白处。

表 7-7　测试项目

项目 输入电压/频率	空载			额定负载		
	DC 电压	空载功耗	纹波与噪声	功率因数 PF	输入功率	效率
110V/50Hz			-			
220V/50Hz			-			
240V/50Hz			-			

任务 2　LED 平板灯的装配

1. 准备工作

1）设备与仪器：工作台、功率计、老化架、分板机。

2）材料：40W LED 平板灯 BOM 套料（电源作为一个部件）。

3）工具：电烙铁、防静电环、螺丝批（或电批）。

2. LED 平板灯装配作业

（1）作业流程

灯板粘贴→导热双面胶→外框贴胶纸→灯板装入外框→扩散板检查入面框→导光板检查入面框→点亮测试→贴银龙纸贴→EVA 胶片装底板→装电源→灯体外壳锁紧螺丝→测试与包装。

（2）作业步骤

1）分板与灯板粘贴导热双面胶。调整好分板机的位置后启动分板机，将灯板统一按要求投入，分板机的切口开始分灯板。分灯板时手不能摆动灯板位置，避免灯板偏离分板位置切坏灯板，如图 7-25 所示。分好 LED 灯板平整摆放，取导热双面胶平贴于光源板背面将其完全覆盖；检查有贴到位和歪斜等不良现象；如有则重新加工，如图 7-26所示。

图 7-25　分板

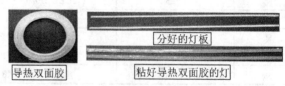

图 7-26　贴导热双面胶

2）焊接灯板电源线。将其四块板的正负极焊盘对好位置；用铁氟龙电源线将其两块板一组串联焊接起来，再将光源板另一端的负极与负极，正极与正极焊盘并联焊接起来。再在正极焊盘处焊接一条 45cm 的红色电源线，负极焊盘处焊接一条 85cm 的黑色电源线，形成光源的输入端，如图 7-27 所示。

焊接灯板连接线

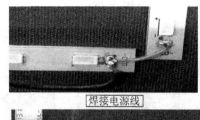

焊接电源线

图 7-27　焊接 LED 灯板电源与连接线

3）外框贴胶纸。将黑色胶片平贴于外框内的 4 个角落；胶片不能超出边框的菱角；面框的空隙不能漏在胶纸外面，如有则需重新加工，如图 7-28 所示。

贴好胶纸的面框（其中一处）

图 7-28　贴黑色胶片

4）灯板装入外框。将焊接好电源线的灯板放入贴好胶纸的面框，灯板平贴于面框的卡槽内对位，并一点点撕掉灯板的导热胶纸，使灯板粘贴在面框的卡槽内，如图 7-29 所示。

灯板装入面框

装好灯板的面框

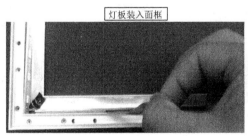

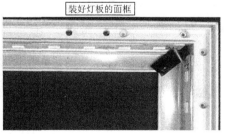

图 7-29　安装灯板

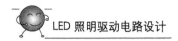
5）扩散板检查入面框。将面框平整放在台面上，检查扩散板有无刮花、损坏，将扩散板上污渍用碎布蘸取清水擦拭干净后用胶辊除尘；清洁干净的扩散板装入外框卡槽内装好，如图 7-30 所示。

| A 检查扩散板 | B 胶辊清除异物 | C 扩散板装入面框 |

图 7-30　装扩散板

6）装导光板。戴无尘胶手套或指套；撕掉板上的保护膜；导光板上灰尘和指印用无尘布蘸取白电油擦拭，将检查合格后的导光板平整装入面框，如图 7-31 所示。

| 导光板放于加工位置 | 撕掉保护膜清洁导光板 | 导光板平整放入面框 |

图 7-31　装导光板

7）点亮测试。面板灯输入线与电源线连接；红色接正极，黑色接负极接通电源后，灯具开始点亮。观察灯体有无漏光、异物、缝隙等不良现象。如有，则关掉电源后将不良标识清楚放入不良区域。合格的产品流入下一工序。

8）贴银龙纸与 EVA 胶片、装底板。将银龙纸平整贴入面框与导光板间的空隙处，使银龙纸盖住空隙，贴好银龙纸后，将"EVA"胶片平整放入导光板上。将电源线合在一起，把装好护线扣的底板与面框对好位置，再将电源线从护线扣内引出，使底板装在面框上面，如图 7-32 所示。

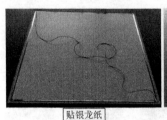

| 贴银龙纸 | 贴好"EVA"胶片 | 底板装入面框 |

图 7-32　贴银龙纸与 EVA 胶片与装底板

9）锁背板螺丝、装电源。将背板内部朝上放于操作台面，将螺丝分别放入孔内，将三角扣分别放入底板的 4 个角落，调整好电批力矩将其依次锁紧。将电源盒下盖装于背板，将背板螺丝从电源盒下盖大孔穿出，将电源线从下盖小孔位引出，再将电源放于电源盒下盖内，如图 7-33 所示。

锁盖板螺丝

锁好螺丝的盖板

装好电源的盖板

图 7-33　锁背板螺丝、装电源

10）接电源线/固定电源。将 M3/六角螺母放于电源螺杆，用六角套筒顺时针将其锁紧，再将黄绿色电源地线放于电源盖将其锁紧，将"蓝色"电源线装于电源"N"、 棕色电源线装于电源"L"使其固定在电源端子上形成电源输入端。最后将输出端红色电源线放于电源板所标识的"＋"极端口；黑色电源线放于"－"极端口用十字螺丝刀将其固定形成电源输出端，如图 7-34 所示。

A 固定电源螺丝

C 接电源输出线：红正黑负

B 固定电源地线，接电源输入线

D 固定电源输出线

图 7-34　接电源线与固定

11）装电源线盖与电源盒上盖。将电源线盖上印有"AC"标识的一端装于电源输入端。将印有"DC"标识的一端装于电源输出端。再用四颗 ST2.9×8 十字圆头自攻螺丝，调整好电批力矩将其锁紧固定。将电源盒上盖与电源盒下盖对好位置，放入四颗 ST2.9×8 十字圆头自攻螺丝，调整好电批力矩将其锁紧固定，如图 7-35 所示。

12）测试、老化与包装。将安装好的平板灯接上 AC220 电压点亮测试后送去老化测试，要求如下。

① 点亮的灯色温颜色要一致。

② 填好老化记录表。

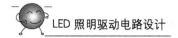

③ 确定测试出来的各项电参数符合要求。

④ 老化时间必须 48H。

⑤ 老化过程中时隔 8H 对灯实行开关电冲击测试，测试不低于 5 次，开关电半小时后再开电继续老化。

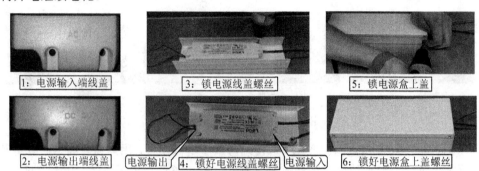

| 1: 电源输入端线盖 | 3: 锁电源线盖螺丝 | 5: 锁电源盒上盖 |
| 2: 电源输出端线盖 | 电源输出 4: 锁好电源线盖螺丝 电源输入 | 6: 锁好电源盒上盖螺丝 |

图 7-35　装电源线盖与电源盒上盖

老化好的平板灯用电参数测量仪测试电参数。把测试好的面板灯用 PE 袋装好，在面板灯的 4 个角套上 PE 棉，把包好的面板灯放入封好的纸箱里面，把配件和说明书随面板灯一起放入纸箱里，在纸箱外面贴上产品信息标签，把包好的面板灯开单送检合格后入库。

拓展与练习

LED 驱动电源高压测试

1. LED 驱动电源高压测试目的

考核产品的绝缘水平，发现被试品的绝缘缺陷，衡量过电压的能力。测试产品的绝缘性能，防止触电。一般用耐压仪测试。

2. 耐压仪介绍

耐压测试仪又叫电气绝缘强度试验仪或叫介质强度测试仪，也有称介质击穿装置、绝缘强度测试仪、高压实验仪、高压击穿装置、耐压试验仪等。将一规定交流或直流高压施加在电器带电部分和非带电部分（一般为外壳）之间以检查电器的绝缘材料所能承受耐压能力的试验。电器在长期工作中，不仅要承受额定工作电压的作用，还要承受操作过程中引起短时间的高于额定工作电压的过电压作用（过电压值可能会高于额定工作电压值的好几倍）。在这些电压的作用下，电气绝缘材料的内部结构将发生变化。当过电压强度达到某一定值时，就会使材料的绝缘击穿，电器将不能正常运行，操作者就可能触电，危及人身安全。

3. 电气安全主要测试指标

电气安全主要测试指标包括交/直流耐压、绝缘电阻、泄漏电流、接地电阻等。交/直流耐压试验用于检验产品在实际工作状态下的电气安全性能，是检验设备电气安全性能的重要指标之一。测试方法如下。

（1）测试连接图

测试连接图如图 7-36 所示。

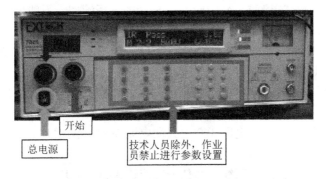

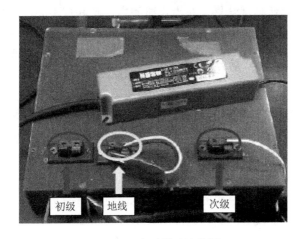

图 7-36　高压测试连接图

严格执行作业指导书的要求，按照设置好的高压、漏电流、时间分别进行初级对次级等项目的高压测试，不能有击穿现象。

（2）测试项目

测试项目如表 7-8 所示。

表 7-8　电源高压测试项目

序号	测试项目	实际规格	备注
1	初级对次级	3.75kV/10mA/装配 3kV	I/P to O/P

续表

序号	测试项目	实际规格	备注
2	初级对地	/	/
3	次级对地	/	/
4	接地电阻	/	/
5	泄漏电流	0.75mA/230V50Hz	
6	绝缘阻抗	500Vmin50MΩ	I/P to O/P

初级对次级的测试电流 5mA，承受 3.75kV 的高压测试，不能出现击穿现象。

（3）作业步骤

1）测试前对仪器进行校准，（方法：漏电电流 5mA 状态下，用 700kΩ陶瓷电阻跨接于地线夹同高压测试棒探头之间至仪器报警为准）。

2）连接被测机型是在确定电压表指定为"0"，测试灯灭状态下将仪器地线夹夹紧被测机。

3）设定仪器测试条件：电压 3500V；漏电流 5mA；测试时间定时为流水线生产时 4 秒。

4）将测试棒探头紧贴电源线头的任一交流输入金属插片。

5）按下启动键观察测试结果，在设定时间内，超漏灯不亮，测被测机型为合格。

6）如果被测机型超过设定漏电流值，则仪器自动切断输出电压，同时锋鸣器报警，超漏灯亮，则被测机型为不合格，按下复位键即可清除报警声，再测试时应重新按启动键。

注意：操作者坐椅和脚下必须垫好橡胶绝缘垫，只有在测试灯熄灭状态下，无高压输出方可进行被测机型连接或拆卸操作。

练习与思考

（1）LED 平板灯的特点与应用场合有哪些？

（2）请指出 LED 平板灯引用的标准有哪些。

（3）请描述 LED 平板灯的结构组成与各部分的主要作用。

（4）LED 平板灯的技术参数与特点主要有哪些？

（5）请描述 LED 平板灯的安装步骤与注意事项。

（6）请指出 LED 平板灯电源的主要技术参数有哪些？

（7）驱动芯片 SD6800 的特点有哪些？

（8）试用 SD6800 驱动芯片设计 10WLED 平板灯电源驱动电路。

考核与评价

任务实施完成后，要求每一位同学对任务完成情况总结并进行课堂交流分享。同时

老师结合产品质量、班级纪律记录与各个小组的评价对每一位同学进行综合评价。详见
学习任务学生综合评价表。

学习任务学生综合评价表

任务名称：＿＿＿＿＿＿＿＿＿＿＿＿＿＿＿＿＿＿＿＿＿＿＿＿＿＿＿＿＿

班级名称：＿＿＿＿＿　学生姓名：＿＿＿＿＿　所属小组：＿＿＿＿＿　岗位名称：＿＿＿＿＿

项目名称	评 价 内 容	配分	评价分数		
			自评	组评	师评
职业素养 40%	劳动保护穿戴整齐，仪容仪表符合规范，文明礼仪	6分			
	有较强的安全意识、责任意识、服从意识	6分			
	积极参加教学活动，善于团队合作，按时完成任务	10分			
	能主动与老师、管理人员、小组成员有效沟通，积极展示工作进度成果	6分			
	劳动组织纪律（按照平时学习纪律考核记录表）	6分			
	学习用品、实训工具、材料摆放整齐，及时清扫清洁，生产现场符合6S管理标准	6分			
专业能力 60%	上课能专心听讲，笔记完整规范，专业知识掌握比较好	12分			
	技能操作符合规范，符合产品组装工艺，元器件识别正确，有质量意识	18分			
	勤学苦练、操作娴熟，工作效率高，总结评价真实、合理、客观	12分			
	电子产品的验收质量情况（参照企业产品验收标准及评分表）	18分			
总　分					
总评	自评×20%＋组评×20%＋师评×60%＝		综合等级	教师（签名）：　　　　　　年　月　日	

注：学习任务评价按自我评价、组长评价和教师评价3种方式，考核分为：A（100～90）、B（89～80）、C（79～70）、D（69～60）、E（59～0）5个级别。

主要参考文献

戴志平，谭宏，赖向东. 2011. LED 照明驱动电路设计方法与实例 [M]. 北京：中国电力出版社.

沙占友. 2001. EMI 滤波器的设计原理[J]. 电子技术应用，（5）：46～48.